【新版】農家女性の戦後史

日本農業新聞「女の階段」の五十年

姉歯曉 著

現代思潮新社

新版　農家女性の戦後史——日本農業新聞「女の階段」の五十年／目次

凡例

一、文中で用いる日本農業新聞「女の階段」愛読者の会全国集会参加手記集『手をつなぐかあちゃんたち』については、「女の階段」手記集と表記した。

一、同様に、同誌記念号については、『「女の階段」二〇年記念誌』などと表記した。

一、引用文中の……は、引用者による省略である。

新版　農家女性の戦後史

――日本農業新聞「女の階段」の五十年

まえがき

投稿欄「女の階段」が『日本農業新聞』のくらし面に登場したのは一九六七年、ちょうどベトナム戦争や公害に反対する運動が日本を含む世界中で湧きおこり、四月に行われた東京都知事選挙では初の革新都政が誕生した頃である。国連総会で世界人権宣言の女性版といわれた「女性差別撤廃条約」が採択されたのもこの年の十一月のことだった。

高度経済成長期の真っ只中にあって、大量生産大量消費とこれらをつなぐ流通網の形成が農村の風景を大きく様変わりさせていた。農作業の機械化が進行する一方で、出稼ぎで不在となった男性たちに代わって女性たちが重い機械と悪戦苦闘しながら家族と農地を守っていたが、彼女たちは農業の先行きに皆不安を隠しきれずにいた。

当時、「くらしのページ」のデスクに就任した南里征典氏のもとには、連日五―六通の投書が届いていたという。南里氏は、「女の階段」全国集会のたびに刊行される手記集『手をつなぐかあちゃんたち』第一一集所収の『「女の階段」掲載開始四〇年記念誌』で、次のように書いている。

いずれも農村生活をしながら、喜びや悲しみや苦しみを胸に秘めて、人生の階段を一歩一歩、上っている農家のお母さんたちの姿が、眼に浮かぶようだったので、私は「女の階段」というタイトルをつけたコラム（投書欄）を創設した。

（『掲載開始四〇年記念誌』、二〇〇六年、二六―二七頁）

こうして新設された投書欄に女性たちは思いをぶつけ、それに他の読者が応えるといった具合に見知らぬ者同士が結びついていった。投稿欄ができてから二年後の一九六九年、栃木県の山岡ちよさん（当時三十六歳）が「回覧ノートを回そう」と呼びかけたことをきっかけに、全国に続々と回覧ノートグループができあがっていく。

すでに減反政策が正式に表明され、日毎《ひごと》の農作業で蓄積した疲労に加え、将来への不安に胸が押しつぶされそうになっていた女性たちが、回覧ノートにどれほどの力を得ていたかは、記念誌の文章やインタビューからも伝わってくる。

もちろん一般紙では、女性向けの投稿欄は、かなり以前から存在していた。『朝日新聞』の家庭欄に投稿欄「ひととき」が誕生したのが一九五一年。一九五四年には、『毎日新聞』にも「女の気持ち」という投稿欄が創設されている。ただし、例えば『朝日新聞』の「ひととき」に投稿している女性たちの多くは主婦であり、東京都やその周辺に住む者が大半をしめていた。

これに対して、「女の階段」の読者の多くは働く女性、しかも農業に従事する女性たちであり、ともに農民として、そして強固な「家」制度の中に置かれている農家女性としての体験を共有していた。それだけに、見知らぬ相手であろうとも、投稿者の気持ちは互いにいやというほど理解できた。共感し、わかってもらいたいと願い、力になれないだろうかと切実に思い、手紙の返事を書くように、女性たちは母のように、娘のように、旧知の友人のように投稿欄に反響を寄せた。こうしてつながった読者同士は距離をこえて強いきずなで結ばれていった。

栃木の井上トシ子さんの呼びかけがきっかけとなり、一九七六年に全国「女の階段」読者の集いが、丸岡秀子氏を招いて東京の日本青年館で開かれた。不安を不安のままでおかないために、そして行動するために、女性たちは講師を囲んで朝まで語り合った。

彼女たちが東京での大会に参加するまでにどれほどの障害を乗り越えなければならなかったのか、現在からすれば想像を絶するものがある。彼女たちは、義父母と夫の了解を得て、あるいは得られないまま、なんとか参加費を工面し、集落の人に気づかれないように駅に急いだのだ。その一方で、「米一粒自由にならない身」では、参加費が工面できず、無念さを噛みしめる女性たちもいたのだ。参加できた女性たちは、参加できない女性たちの無念さを自分のものとしながら、泣き、笑い、話しあった。

南里率いる生活文化面担当の編集局員たちが、その時「全国の集いは、いわば一里塚。ようやく到着したこの踊り場をしっかりと踏み、そしてまた次の階段に向かって一歩ずつのぼってゆこう」と呼びかけた通り、「女の階段」は途切れることなく、多くの女性たちの人生を紙面に刻み続け、全国集会も回を重ねた。そして、この二〇一八年三月、全国集会は三重で一六回目の開催の日を迎えたのであった。

「女の階段」の投稿と大会手記集には、高度経済成長期に大きく変化していく農村の風景と家族のありさまが見事に記録されている。その時々の女性たちの思いが綴られた投稿や手記は、まさに農村の内側からみたリアルな女性史であり、政治史、経済史、農政史であり、そして生活史そのものである。

結果的に複合的な視覚から歴史の動きを記録し続けることになったこの貴重な資料を軸に、ここに描き出されている農家女性たちの思いとその思いを生み出した時代を読み解くこと、さらに、直接的な言葉では語っていないにせよ、女性たちが「なぜ?」と問うてきた数々の「不条理さ」をもたらしてきたものを探ることが、本書の目的である。

そのためには、投稿が開始された一九六七年以前までさかのぼって時代を見ていく必要があった。なぜならば、「女の階段」を作りあげてきた第一世代である中心的な投稿者の多くが、敗戦直後に二十代を迎えたばかりの女性たちだったからである。この若い「嫁」たちは、戦後の荒廃した大地で食糧難と向き合いながら、農村で新婚生活を始めたばかりだった。

これらの女性たちが三十代を迎えた一九五〇年代末、著名な学者であり初代の国立民族学博物館館長を務めた梅棹忠夫氏(民族学・比較文明学)が中央公論に書いた文章がある。

商家でも農家でも、「そこでは、家族全体がひとつの労働団である。そこでは、夫も妻も、その労働団の一員として、ともにおなじひとつの生産的労働に力をあわせていたのである。そこでは、労働する人間としての男と女のちがいは、本質的なものではない。それはいくらかの役わりの差であって、いわば作業内容のちがいにすぎない」(『女と文明』中央公論社、一九八八年(初出は一九五七年)七九―八〇頁)。

梅棹氏の実の妹である京都の田中ふき子さんは論議を交わしたときの兄の言葉を、「女の階段」

手記集に寄せている。「あんたたちは家事に専念する妻ではない。夫と共に農作業に出て、その上、家事をこなしている。未来の女性の姿だよ」（京都府綾部市　田中ふき子（八十四歳）「昭和の時代丸ごと生きて」、『「女の階段」手記集』第一三集、二〇一二年、八八―八九頁）。

梅棹の言葉の通りであれば、農家の若嫁たちの姿はもっとも自然な家族の姿であり、それこそは、未来の日本の女性モデルとなるはずのものであった。しかし、若嫁の実態は、男と同じ、もしくは男以上に働き、家事も育児も介護のすべてを専一的に担わなければならないにもかかわらず、いや、だからこそなのか、男と同等とはみなされないというものだった。

そんな時代を生きた「女の階段」愛読者第一世代の苦悩の実態を明らかにし、女性たちはそれをどのように解決しようとしてきたのか、あるいはできなかったのか。懸命に壁を打ち壊そうとした彼女らを阻んできたものは何かを明らかにするために、敗戦による「女性解放」を始点として、戦後を生きた女性たちが見てきた風景を追体験する必要があった。

本書の構成は以下の通りである。

第一章は、本書を貫く課題である「農家女性が抱える不条理さ」がどこから来るのかを探るための章である。戦後もなお、農家女性たちの解放を阻んできたものは何か。その根源を考えることがここでの目的である。

第二章では、経済成長の陰で農民や漁民こそが犠牲となった農薬や公害問題の現状を訴えた女性たちの投稿を取り上げ、「女の階段」愛読者が行き着いた具体的行動である農薬表示改善運動の意味について検証した。

第三章では、一九五〇年代の農地破壊と減反政策にゆれる農村で、変わる暮らしの風景と農家女性たちの姿を、第四章は、総合農政への転換が示す政治的・経済的意味を明らかにした。

この自由貿易の推進と農業の切り捨ては、第五章で扱う時代、すなわち石油危機後の日本経済の低迷のもとで決定的なものとなる。多くの女性たちが農政は手が届かないところに行ってしまったと実感するようになる一九七〇年代後半から一九八〇年代が、その時期に当たる。投稿欄から徐々に政策批判が消えていく。

最後の第六章では、介護世代の女性たちの手記を通して介護の問題を考えていく。本書を貫く課題である農家女性を苦しめる理不尽さの際たるものは、今や介護の問題である。家族に押し付けられる介護と減らされる公的な福祉サービスは後継者不足とあいまって農家女性たちを苦しめている。その生々しい現実を覆い隠すために作られた「日本型福祉社会論」の持つまがまがしさ、「日本には他国にない独自の福祉社会があるから」などという幻想のベールを剝ぎ取ることが本章の目的である。


第一回全国集会の「しおり」冒頭には、このような言葉が記されている。

「どうぞ、胸の内に深く沈め込んでおいた日頃の思いを打ち明け合い、皆さんで討論し、丸岡先生のご助言も仰ぐことにしましょう」。これは、栃木県の愛読者グループ「しもつけ」の井上トシ子さんと髙崎綾子さんが「ペンの友」に向けて呼びかけたものである。女性たちがずっと胸の内に溜め込んだ思いとはなんだったのか、そう思わせたものとはなにか？　本書がこの問いに対する答えの導きの糸となれれば幸いである。

第一章　農家女性にとっての「戦後」

一　敗戦――女性解放＝家からの「法的」解放

1　戦後民主主義と「家」の廃止

一九四五年、日本は敗戦を迎えた。同じ年の十月十一日にはＧＨＱから幣原内閣に「五大民主改革指令」が突きつけられ、日本国憲法と改正民法によって「「家」制度の廃止」と「男女平等」が宣言された。

新憲法では「配偶者の選択の自由」「財産権、相続権、住居の選定、離婚」といった、これまで女性に許されなかった権利が、「個人の尊厳と両性の本質的平等」という言葉とともに、高らかに宣言された。実際、この新憲法施行によって、多くの女性たちは、自分たちが「手間」「角のない牛」などと呼ばれるような時代が終わり、男女平等の新しい社会がやってくるものと期待した。当時、一部には、いきなり与えられた自由と平等にとまどい、不安を口にする女性もいたが、[*1]毎日新聞社が行った世論調査では、「家」制度の廃止に賛成するものは国民全体の過半数を占め、特に女性だけを取り出しても、過半数が廃止に賛成していたという。[*2]

続いて、激しい応酬が続いたのち、民法改正により、「家」制度は廃止され、戸主がすべての財産を相続するという規定、夫の妻への優越も法制度上から取り除かれた。改正民法は憲法二四条の「個人の尊厳」とともに、女性を独立した人格として認め、それまで家制度のもとで「三界に家なし」とされ「無能力者」扱いされてきた女性たちに、はじめて国家や家のためではなく自分自身のために生きることが認められたのであった。ただし、それは法制度上のことであった。

現実には、生活の場に根を張った「家」制度の克服には、法的根拠としての「家」制度の撤廃に加え、農村の生活における「家」制度の克服が必要であった。さらにその根を引きずりつつ都会で働く女性労働者の労働と生活の場にも「家」制度はそのまま引き継がれていった。法制度上の解釈と矛盾する、生活における「家」制度の確たる残存は、戦後民主主義に心踊らせる女性たちにとっての不条理な現実そのものであった。

> 日本に長く続いた家長を中心とする家族制度は、戦後の民主主義のなかで音を立てて崩れていった。そのなかで農村では相変わらず家族制度の形が保たれたまま進行していった。封建時代を背負った義父母と、戦後の新しい教育を受けて育っていくわが子たちとのあいだで板挟みとなって私はいく度かつまずき、苦しみ、悩み、暗中模索の毎日であった。
>
> （永井民枝『農婦』日本経済評論社、一九八九年、一二二―一二三頁）

二　農民の中での階層分化と農外就労の増大

1　農地解放と零細農民の固定化

戦後、ＧＨＱによる農地改革案を受け、ただちに都府県平均一ヘクタール（北海道四ヘクタール）を超える地主の保有部分は強制的に買い上げが行われ、小作農民にタダ同然の価格で売り渡された。こうして、農地改革は一気に六〇〇万もの農民からなる分厚い独立自営層＝中間階級を農村に生み出すこととなった。それは、地主の小作支配と闘い続けて来た農民が高額の小作料を含む身分支配からの解放を意味していたが、その結果生まれた自作農民の農地の多くは、〇・五ヘクタール以下という極めて零細な経営規模にとどまっていた。加えて畜産業にとって大切な山林は手つかずの状態におかれたため、利用できる土地も限られ、結果的に、日本では飼料を輸入に頼る加工型畜産と、養豚場や養鶏場のように施設に依拠する施設型畜産偏重型にならざるをえなかったのである。[*3] 農地改革によって多くの農民は確かに小作農という従属的身分関係から解放されたものの、零細な規模の農地しかもたない農家がそのまま温存され、そこへ引揚げ者や復員兵など、膨大な人口が農村へと流れ込んでいった。農村に流れ込んだ労働力は、戦後復興期から高度経済成長期を作り上げる大労働者群となって再び農村から流れ出していくことになる。

2　農地の消滅――資産化する農地と、農外収入で支えられる農地への分断

農地は、高度経済成長とともに、一方では元地主や上層農のもとに再び農地が買い集められ、あるいは借り入れられ、その規模を拡大させていく。こうした農地では、農地は機械で耕作され、投入コスト分を上回る収益を得られる少数の専業農家が、農業の近代化の流れに乗って多角経営とさらなる規模拡大を進めた。

その一方で、零細な土地でなんとか農業を細々と続けながら農外収入でコストを補塡し続けるか、もしくは離農を余儀なくされるほどの零細農の農地が増えていった。経済復興期から高度経済成長期を経て現在にいたる経済環境の変化は、大規模化していく農家と零細農家では異なる帰結を見せた。

ここでは、『日本農業新聞』の読者層の中心を成し、したがって「女の階段」の投稿者の多くを占めていた上層農の女性たちが経験してきた経済環境の変化について見ていこう。

上層農は、その豊富な資金力で、機械化をいち早く進め、畜産や果樹など、その時代に適合した農業経営を展開していくことができた。こうした上層農を中心として、農村部における「近代化」「合理化」が進行していくことになる。農業経営が利益をもたらし、農作業が近代化されていくと、女性たちはひたすら都会水準の消費生活をめざすようになっていく。中でも、こうした農家が何よりも重視したのは、子どもたちを高校や大学に通わせることであった。しかし、こうして教育を受けた農家の子どもたちは、高校を出るとそのまま大学に進学するか、もしくは農家を継がず、農外就業を選ぶこととなった。

後継を得られなかった農家の農地は、やがて親の世代が終わりを告げると、そのまま放棄されていった。親の世代は土地を次世代に手渡そうと必死になるが、現実に農業収入を遥かに上回る就労先が農業以外の場所にある以上、これまでのように子どもたちを農地に繋ぎとめておくことはできない。賃労働者としての生活は、やがて土地への執着を喪失させ、家父長制をもって支配していた家族関係は終焉を迎える。老後をどうするのか、農地の相続をどうするのかに思い悩む親世代の嘆きはここから始まる。[*4]

〝家〟守らない子供たち

江花アイ子（福島県）

親から子へと、十五代バトンタッチして来たこの「家」。この子、この子と、息をかけてきた息子は、家がわずらわしくて、できれば自由に生きたいといっている。……子供がありながらこどものないような生活。これで満足しているだろうか。あの家の将来は、どうなるんだろう。

（『女の階段』手記集』第三集、一九八二年、四六頁）

親たちは、すでに家長が子供たちの人生をコントロールできる時代が終わったことに気づいている。その現実に強い戸惑いを感じているのが七十代以上の現在の〝姑〟の世代である。子世代が会社を退職し、親の家に同居したとしても、彼らの家族の生活にもはや口出しはできないことを、親の世代はよくわかっている。「そうでなければならない。それが良い姑である」と自らに言い聞か

図1　就農形態別にみた「女性農業者が自分名義で保有する資産」

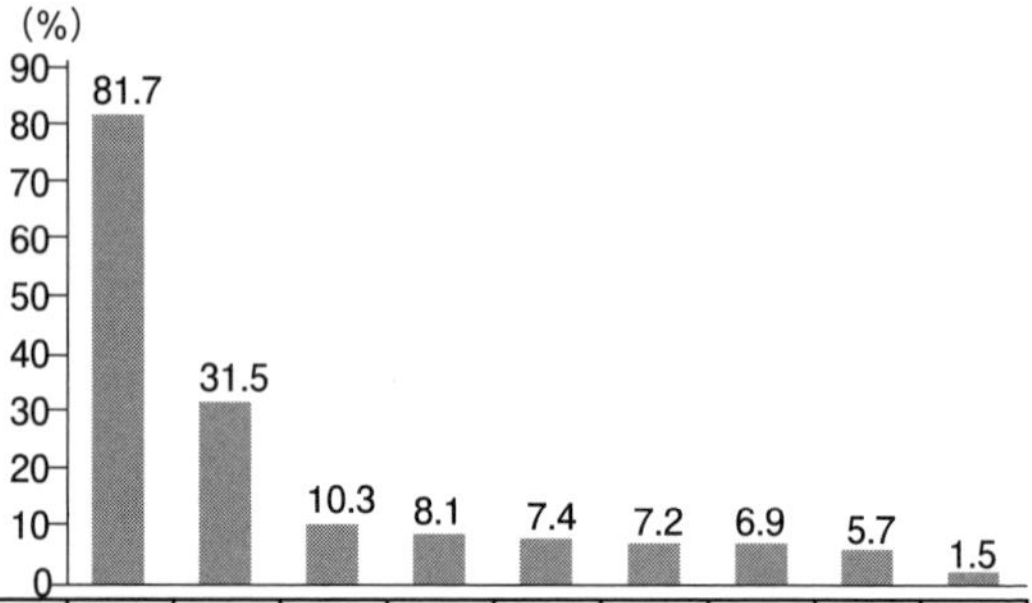

現在の就農状況	n	預貯金	乗用車	農地	自宅建物	農業用施設・機械（加工用等含む）	借金・負債	株式・国債・債権	宅地	その他
TOTAL	2,070	81.7	31.5	10.3	8.1	7.4	7.2	6.9	5.7	1.5
配偶者の実家の農業に携わっている	1,137	83.6	25.6	7.0	5.5	4.9	4.6	7.5	3.9	1.5
自分の実家の農業に携わっている	327	78.6	38.2	22.9	10.4	15.6	8.6	7.3	9.8	1.8
独立して就農している	243	79.0	29.6	14.8	15.2	15.6	14.0	7.8	11.5	1.6
農業法人を経営している	109	83.5	33.9	15.6	15.6	7.3	16.5	9.2	8.3	2.8
農業法人に就職している	221	81.4	52.9	0.5	6.8	0.0	7.7	2.3	2.3	0.5

出典：農林水産省委託事業『女性農業者の活躍促進に関する意識調査報告書』、株式会社インテージリサーチ、2013年3月、59頁。

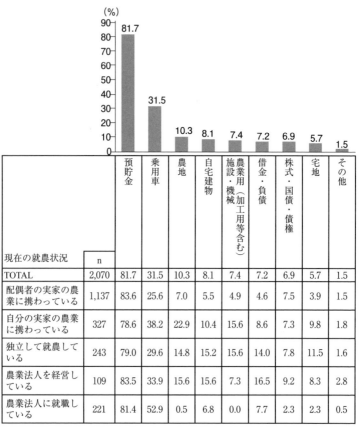

図２　女性農業者の経営参画状況と意識（%）

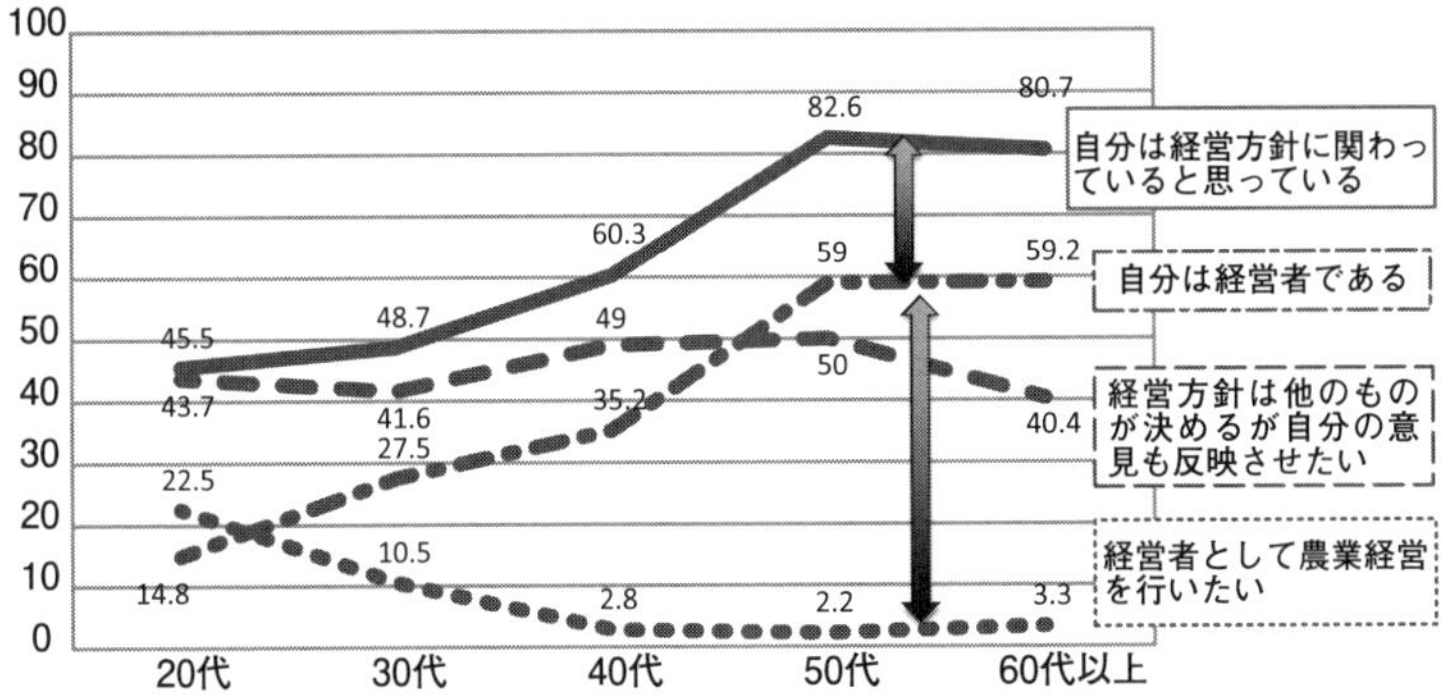

注：16頁問7②就農状況、17頁問9、20頁問11よりそれぞれ抜粋し、比較を行った。
出典：図1に同じ。

せながら、姑となった女性たちは、内心の戸惑いを隠しつつ同居生活を続けるのである。その様子は、あたかも嫁の権限が強まっているかのようにも見えるし、姑の忍耐がこの生活を支えているかのようにも見えるであろう。

確かに、昔と比べれば、見合い婚が減り、堕胎の強要もなくなった。それは大きな変化だったとしても、老親介護を娘もしくは「嫁」に背負わせる状況は、今も変わらない。多世代同居を当然とする農家では強弱の差こそあれ、生活への干渉は避けられない。さらに、農家女性の働きが社会的に評価されるようになっても、家族農業では、無償労働は当たり前であり、農家の「嫁」にとって、義父母は未だに資産の処分権を握り、したがって絶対的な権限を持つ存在であることに変わりはないのである。

二〇一三年に農林水産省の委託で実施された女性農業者の経営参画に関する調査（図1）によれば、「配偶者の実家の農業に従事している」女性たちが「自分名義で保有している資産」の第一位は「預貯金（八割）」、続いて「乗用車」の二六%と続くが、「農地」となった途端に七%に減少し、自宅建物、農業用施設や機械等の生産手段の保有率も五%程度と極めて低い状態にある。

相続権も土地・住宅所有権も持たない嫁がもし家を出て行くことになれば、彼女は職も生活も失うことには変わりない。

夫に経営権が移譲されている夫婦の間でも、女性の多くが基幹的農業者であるにもかかわらず、経営権については未だに限定的にしか認められていないのが現状である。[*5]

この現状は、女性たち自身に、自ら経営をリードし、経営者としての誇りを持つことをあきらめさせてしまう。図2の調査にはそのことがよく表れている。例えば、「自分が経営方針に関わっている」と答えた割合が二十—三十代で五割、四十代で六割、五十代以上では八割に達するにもかかわらず、「自分は経営者である」と回答した割合は、最も低かった二十代ではわずか一五%、三十代で二八%、四十代で三五%、五十代でも六割にとどまっている。女性たち自身が「経営者として農業経営を行いたい」と思っている割合は二十代の二二%をピークに急激に減少し、三十代では一〇%、四十代になると三%と一桁に落ち込んでしまう。逆に、誰かが経営方針を決め、そこに自分の意見が反映されればそれで良いと考える女性たちが全体の四—五割を占めている。

現在の農家女性たちは、「経営方針を決めるにあたり相談を受けている」ことをもって「経営に参加している」ものと自覚しており、「自分の意見を採り入れてほしい」という意思をもってはいるが、「自分自身が経営者ではない」し、「経営者になる意思もない」という思いを抱いていることが、この調査からは見てとれるのである。女性たちが経営主体として活躍していくことを阻む壁は、未だに高く、強固である。

三　戦後直後の反税闘争、強制供出反対闘争

戦後復興期の農民はまさに二重の収奪の犠牲者であった。まず、農業資材をまだヤミで購入しなければならなかったにもかかわらず、強制供出させられるコメの価格は農業資材を公定価格で購入することを前提とした、現実とは程遠い価格であった。また、農地改革によって高額の小作料から解放されたが、彼らには小作料に匹敵するほど高額の所得税が課せられた。当時、戦禍で主たる産業基盤を失った日本にあって税金を徴収できる先は、ヤミ商店、中小企業そして農民程度に限られていたためである。農民をヤミ業者と同様に扱い、食べていけないほどに低い米価でコメの供出を強制する政府当局に対して、農民は反税闘争や米供出反対運動で対抗した。その闘争は中小企業の反税闘争と一体化し、全国に拡大する。一九四六年に結成された日農（日本農民組合）は多くの農民を組織し、農民・中小業者・労働者が団結して激しい抵抗闘争を繰り広げた。その勢いに脅威を覚えた日本の保守勢力とアメリカのＧＨＱは、一九五〇年以降、シャウプ税制改革を実施し、農民に対する税率を引き下げた。

さらに、一九五二年五月には「改正食糧管理法」が成立し、米の二重価格制による「都市部就業者並みの所得の確保」が約束された。生産部面においては、一九四九年に「土地改良法」が施行され、土地改良事業の展開による農業の合理化促進が図られるとともに、一九五二年七月の「農地

法」が成立したことに加え、奨励金、補助金の積み増しや土地改良事業などの公共投資が、農家の生産意欲を高め、同時に、農民を保守支配層の支持者に留め置くことにもつながった。[*6]農業経済学者暉峻衆三《てるおかしゅうぞう》は、このことを「短期間とはいえ、日本の農政が総合的食糧増産・自給を中心に据えたという点で、戦後農業史上特筆すべき時期だった」[*7]と評している。この時代は、いわば、政府と農家との短い蜜月時代であった。

一九五五年の時点で、農家への奨励金などを含めた米による収入は、生産にかかるコストの二倍を超えていた。農家は、この時期、生産面積を拡大すればするほど、間違いなく収入が増えていくという状況にあり、資金を確保できる農家はますます農地を拡大し、電化や新たな水路の確保等を進め、生産性を上げていった。こうした農民層に対する支配層による一連の譲歩は、一方では農民の生産意欲を増大させ、国策であった食糧増産への取り組みを大きく前進させることになる。その一方で、一定程度の要求を実現させたことで、農民闘争は沈静化していった。そして、補助金や公共事業を地元に持ち帰ることができる、いわゆる中央政府を司る政権与党との太いパイプを強調する地元代表者（議員）を選出し、補助金や公共投資の地元への分配をいかに積み増しできるかが農村にとっての最大関心事になっていく。[*8]こうした動きは、のちに農家と非農家、農村地域と都市部との対立にも利用されることとなる。

かつて、農家の女性たちは、戦前戦中は小作争議に、そして戦後は強制供出反対闘争にと、男たちの戦列に加わった。男たちが逮捕されれば、女たちだけで戦列を組み、国家権力と地主勢力に対峙し、極めて戦闘的な集団として行動した。戦後の民主改革を経て、女性たちがはじめて「生活」

を考えることが許されたとき、少なくない女性たちが「消費者」として、「母親」としての立ち位置からではあるが、さまざまな運動の主体となり、保育園建設など、生活を守るためのインフラの整備に力を発揮することになった。その一方で、農村と政権与党との結びつきを崩す恐れのある政治的発言はますます抑制されるようになっていく。女性たちが地域からも家族からも許容されるのは、「くらし」の改善や、子どものために「母」としての立場から声を発したり行動することに限られていった。それさえも、声を上げることに極めて勇気を必要としたのであった。

「女の階段」の初期の投稿や手記集には、日頃、地域で声に出すことができない政治批判も数々寄せられている。それは、地域の利害に関係なく形成された全国規模の投稿グループだからこそできたことであった。

四　農家の女性の地位はなぜ低いままなのか

女性が、そしてなによりも農村女性が、憲法上では男女同権を確立していたにもかかわらず、相も変わらず「差別」の下に置かれる不条理さの原因を、探っていこう。

1　「自営業」の経営者の一員としての農家女性

まず、農家は自営業である。自営業はサラリーマンとは異なる特徴をもつ。それは、次の四つにまとめられる。第一の性格は自己雇用である。自営業の経営者家族内では、企業のように誰かを雇うのでも、労働者のように誰かに雇われるのでもなく、自分が自分を雇用する、すなわち自己労働を行う。第二に、独立自営であること、つまり経営権を持ち、経営主体として自立している存在である。第三に、家業であること、すなわち経営基盤が家族に置かれていることである。したがって、第四に、生業であること、すなわち、基本的に働く目的が利潤追求というよりまず暮らしを立てることにおかれている。[*9]「家《イエ》」とは「家の財産としての家産をもっており、この家産に基づいて家業を経営している一個の経営体」[*10]なのである。

したがって、女性たちは、自分の嫁いだ「家」＝経営体を守るために、自らの利得を考えずに自己犠牲を払うことが求められる。それも自らの意思で、である。なぜならば、彼女はこの経営体の一員だからである。

彼女の存在の大きさは、他の農家＝競争相手に卓越した働きで評価される。競争に勝つこと、それは、農業も自営業である限り、自らの経営体を維持するために必要不可欠な条件である。

2　農家「女性」の二つの性格

女性農業者は、まず農業生産に従事する労働者である。

農業従事者に占める女性の割合は一九九〇年代初頭の四八％には及ばないものの、現在も四割に達しており、女性は農業経営を担う大きな力である。とはいえ、農家の「嫁」はその中にあって、特殊な条件を受け取る。まず、労働者であれば賃金が支払われるが、彼女は自己雇用の労働者であり、したがって、自らを雇用する経営者でもある。彼女は経営者家族の一員なのだから、経営が順調に行われるためには過酷な労働条件を受け入れなければならない。経営体が利益をあげなければ彼女の存立基盤は成り立たないからである。したがって、経営者の一員として、彼女は無給で経営体のためにすべての時間を捧げることを強いられる。彼女はこの時、経営体の一族としての地位を、この意味でのみ与えられる。

要するに農家の「嫁」は、自営業者の家の一員としての地位を表面的には与えられているが、その実態は義父母や夫に雇用される無償労働の提供者である。ただし、工場や企業に雇用される労働者とは大きく異なる点がある。例えば、会社で働く労働者は企業主に雇われ、決められた時間分に限って拘束を受けるが、勤務時間が終われば会社から自分の家に帰る。雇用主と労働者が同じ財布で生活することはありえない。しかし、農家の嫁は企業ではなく、雇用契約なしに家族に雇用される存在であり、生活のすべてを義父母か夫の裁量のもとに営み、その財布に依拠しなければ生きていけない存在である。

しかも、家が仕事場と一緒になっているため、本来、労働苦から解放される場であるはずの家庭は、現実には職場の延長上の〝場〟となり、義父母という上司の下で、その行動は二十四時間監視され、逃げ場はない。農地でも、家の中でも、嫁の態度は常に監視され、少しでも休もうとすれば罵声が浴びせられる。

嫁が経営者「家族」の一員であることで、真の経営者である家長は、嫁をタダ働きさせる権利を手にする上に、「この家長としての権威は「経営方針の決定」権を握る「自営業主」ないし「店主」の矜持にも支えられて想像以上に強固である」[*11]。

罵倒

緑川しのぶ（仮名）　一九三七（昭和十二）年生、農業（田、二ヘクタール、畑、〇・三ヘクタール）、五人家族

身につかぬ　鍬は手のひらより落ちて　すわっと罵倒の声ひびきたり
野良に出て　初めて鍬を取る我は　ののしられてもただ黙々と
腰いたみ　畑のあぜに憩う間も　しゅうとのまなこは背に光りおり
嫁ぎきて　かくも毎日罵倒せられ　三年の春もむなしくゆきぬ
花はみち　小鳥たわむる野良なれど　罵倒を浴びる我は悲しも
五月晴　涙落ちて何悲し　とびくる罵倒は我非力故か

（和田勇治・野添憲治編『農婦たちの戦後史、秋田県合川町・生活記録「母の実」の二〇年』一九八三年、無名舎出版、三五頁）[*12]

農家の嫁から訴える

匿名希望　三十一歳

私は農家へ嫁いで九年になります。農業を全く知らずに嫁いだので、仕事と家に慣れるまでどんなに苦しく、悲しい道のりを歩んで来たか、農家の嫁以外の人には想像もつかないでしょう。まず、想像以上に畑仕事はハードでした。初仕事は土作り。たい肥集めに養鶏場へ通い、臭気にまみれてトラックへ積み、畑へまきました。

私の場合、他の若嫁のように手加減や甘やかしはなく、何でも覚える様にと、夫や養父〔か〕らもビシビシと仕事を仕込まれました。白紙の私は、早く仕事を覚えねばと、無我夢中で働きました。野菜の二毛作で、出荷時期は毎朝四時から畑へ出ます。

子供も私の腕の中にあったのは七か月まででした。「若い者が畑へ出るのが当たり前」と、姑に宣言され、私は幼子を預けて働きました。育児もできず、母親としての存在価値はおむつを洗う位なことでした。泣くと「子供の扱い方も知らない」と取りあげられました。

以来私の心は深く傷つき、どうしても第二子を産む気になれませんでした。また畑で疲れきって帰っても、顔さえ見れば、家事に不慣れな嫁が歯がゆいのだろう、姑がやること、なすこと注意するのです。増々いじけた暗い嫁になっていきました。「親類中で最低の嫁だ」と、ののしられ、「出ていけ」と幾度も怒鳴られ、どれ程寝れずに布団の中で泣いただろうか。

（『「女の階段」手記集』第四集、一九八五年、四五頁）

嫁が体を壊せば、実家から医療費を出させるよう義父母から命じられるか、もしくは実家に戻される。「欠陥品を売りつけた側に責任がある」と義父母に言われた嫁もいる。姑の命令で堕胎を余儀なくされ、病院から自転車で帰宅した直後に畑に出ろと言われた嫁もいる。この生活環境から逃げ出そうとしても、それは許されない。なぜならば、無償労働で貯えはなく、財産を持たない女性たちには、この「家」にすがりつく以外に生きる術がないからである。

いつも健康とはかぎらない

岡田静江　四十歳（新潟県）

知人のKさんが「乳がん」に冒され切除したが、若い方のがん細胞の分裂は早く、またたく間に脊髄に転移していた。治る見込みのない厄介者として、主人の理解も得られず、実家の世話になる状態で、三人の子供たちを残して、痛さに耐え、そのうえ精神的にも、家族の安らぎを一気に奪うなんて、今時こんな無茶な事があって良いものか。

（『「女の階段」手記集』第三集、一九八二年、五一頁）

3　母親としての農家女性の地位

経営者であり、無償労働の提供者でもあるという農家女性が持つ相矛盾する性格は、妊娠・出産・子育ての時期に二つの生命にとっての最大のリスクを生み出す。

農家の「嫁」としての女性たちの「義務」の一つは後継者を産み、育てることである。生まれてくる子どもは、農地を相続する後継者であり、義父母からすれば血族である。農家女性はここでは母親であることを強制される立場である。にもかかわらず、妊娠中の女性たちは出産ギリギリまで野良仕事を休むことは許されなかった。妊娠中であったとしても、嫁は重要な労働力であり、彼女が農作業から離脱することは労働を怠けることと同義であった。嫁は働き手として自らの存在意義を示し続ける以外に家族の一員として認めてもらう手立てはなく、働けなくなった場合には無用のものとして扱われることがわかっているので休もうとはしない。

嫁は他所からやってきて、「家」の稼ぎの分け前で生きているのであって、働けない嫁は労働者としても役立たずの存在とみなされる。赤ん坊の面倒をみていれば、「子どもにかこつけて怠けている」と言われた。義父母に面と向かってそう言われなくとも、臨月の自分に「休んでいなさい」と言わない義父母の様子から、嫁は「休みたいなんて言ってはいけないんだ」と理解した。

また、子どもの養育およびこれに関わる支出は母親および母親の実家の責任とされ、姑が握る財布からの支出を求めることは嫁にとっては大きな重圧を伴うものであった。姑からすれば自分の息子と血がつながる孫であったが、その孫は同時に嫁の扶養対象であって、ここでも子どもの世話を見ることが他の家族、具体的には義父母の面倒をみることより上位に位置するものとはみなされなかった。農作業を脇に置いて子どもの面倒を見ることは怠惰な行動とみなされ、我が子のために金を無心することは嫁の分をわきまえない許し難い行為と受け止められた。

彼女が家長や家長の家計管理担当である相手（その多くは姑である）にむかって支出を要求したとたんに、こうした嫁の行為は、それだけ雇用主の手から儲けを減少させる「厚かましい」要求とみなされた。労働者であれば、交渉権が与えられるが、こんな要求を仮に嫁が口にしようものなら、彼女は家族であって労働者ではないため、そんな権利はないと否定されるだろう。[*13]

女性たちはこのことをわかっているがために、義父母に対して子どものための支出を要求しなくなっていく。それは時に母と子を経済的にも精神的にも追い詰めることになったのである。

昭和三十八年、ただただ生まれて来る我が子におなかいっぱい食べさせたくて、農家に嫁ぎましたが、想定外の人生でありました。十二人の大家族の農家に、夢をいっぱい描いて飛び込みましたが、現実は思いもよらぬことが、次から次とふりかかってきました。

借金が山ほどあった事などたくさんあります。仲人さんに「おばあさんに一日も早く、ひ孫を見せてやって欲しい」と頼まれて嫁いだのですが、その言葉は真っ赤なうそでした。愚かな私は十年間泣き泣き従いながら何とか無理を聞いてもらい、三人の子供を産ませてもらいました。当時四ヘクタールのりんご園、一ヘクタールの水田、三ヘクタールの畑を耕作することは、大変でした。今年、曲がりなりにも人生七十年・古希を迎えたところです。身はボロボロ、背中はでこぼこ、腰は見事に曲がってしまい、土をなめるようにして歩いています。

でも、自分で選んだ道なのだから、これからも命のある限り、雨の日も風の日も晴れの日も、下を向いて一生懸命歩いて行かなければなりません。

私には悪い嫁を演じて来た過去があります。それは、お舅さんが一家の財布を握り締めている時です。ミルク代を頂けなかったのです。持参して来たお金は長女で使ってしまいました。すぐ長男が生まれて来ましたが、毎日、怒られながらの重労働をしていましたので、私の母乳はすぐに出なくなりました。それでお舅さんに「ミルク代を下さい」とお願いしても、なかなか頂けないのが現実でした。毎日、わずかのミルクを薄めて飲ませるのです。赤ちゃんは、すぐに腹を空かせて昼も夜もギャアギャア泣きわめきます。私は、せっかく産ませてもらった小さな我が子を殺すことも出来ず、ミルク泥棒を始めたのです。とにかく、この子が何かを食べれるようになるまで、一年間悪い事をしました。

ひもじい思いをさせるのが辛くて、周囲に話せる人、頼れる人がいなかったのです。こうした時に日本農業新聞にめぐり会いました。

三人の子供たちが新聞配達をしていました。新聞屋さんが家まで午前四時半ごろに配達する新聞を届けてくれます。五時から配達しますので、その前に時々大急ぎで読みました。たくさんの良い事が書いてあったので、これは毎日読まなければ損をするような気持ちになり購読を始めました。

私はこの四十年間、農村社会の矛盾と戦ってきましたが、泥棒という犯罪者になってしまったこともありました。死ぬにも死ねず、逃げるのにも逃れず、ここが私の監獄（刑務所）と自分に言い聞かせ、天に罪を償う覚悟で、一生懸命に働いてきました。時々頭をかすめる自殺……をはらいのけながら生きてきました。しかし、長い農業人生も、もう少しで終わります。日本農業新聞の「女の階段」のお力で、ここまで生きて来れました事に感謝いたします。北のはじから九州の果てまで、日本全国に力強い優しいお友達がたくさんできました。最後に日本農業新聞社のみなさまに、心から厚く御礼申し上げます。

（北海道、六十八歳。『「女の階段」四〇周年記念誌』、二〇〇六年、一〇二—一〇三頁）

子どもが小学校にあがるとき、学用品を買ってあげたいと思ったけれど、嫁に自由になるお金はなかった。買ってくださいなんて舅や姑にとても言えなくて、自転車に野菜を荷台からあふれるほどいっぱい積んで、暗くなるまで泣きそうになるのをこらえながら走り回って売った。そのお金で子どものものを買った。

（姉歯による聞き取り、茨城県、二〇一七年）

さらに次の記事にあるような、いたましい事件が各地で生じている。

……こどもが大きくなっても、その育てかたに、母が責任をもってするということは、農村ではなかなか困難である。また下着や学用品を買ってやるのでさえ、じぶんの一存ではいかず、しゅうとめさんに相談して買う、またそれをいいだせない、など主婦としても母としてもつらい思いをして、これまで子を育ててきたおかあさんたちが多い。そしておかあさんが財布をもっていないということが、あやまった母性愛に走らせている例すらある。学校の運動会、学芸会の時期になると、小さな万引きが農村地域で増加する、という労働省婦人少年局の調査がある。わが子のため、また、こどもにはずかしい思いをさせないためという親心が主婦の自由になる金がないため、つい手がでるという、いたましい母の姿ではないか。

（「論説　農村の母親にも愛の施策を」、『日本農業新聞』一九六五年五月七日付）

子どものための万引き行為は、どこの農村でもありうることであった。さらにいえば、こうした問題は貧しい農家だけに限られたものではなかった。一九六一年一月十八日付『毎日新聞』山形版の記事「なぜ多い農家の主婦の万引」によると、ある警察署の年末年始一斉取締では三八人（七三件）が万引きで検挙されており、「そのうち三七人が女性で、生活難とみられるものはわずかに二人だけ。他は豊作に恵まれた中流農家の主婦で占められていた」。また昨年（一九六〇年）の正月、「H市の商店街で万引を働いた婦人が五三人……そのほとんどがやはり近在の農家の嫁だった」「捕まった若妻たちが盗んだ品物は、金額にして十円から最高八百円どまりというささやかなもの、それも、自分のものよりは子どものもの、あるいは婚家への土産ものが多い」という状況だった。[*14]

子どもたちがお腹を空かせていても、平気で放っておく義父母に嫁はこう問いかける。自分の孫なのに、なぜかわいそうだと思えないのか？　この子はあなたの跡取りであり、「内孫」なのにと。多くの農家女性が手記に残している。首をかしげるしかないような舅姑の言動には、矛盾にみちた、しかし確固たる理由がある。

嫁は、後継者を産み、生業を支える大事な働き手であると同時に、「血筋」からは外れる存在である。その意味で、嫁は「家族」ではない。従って、嫁は、他所からやってきて、一族で（その中には嫁の働きが極めて多く含まれているのだが）生み出した稼ぎを費消する存在でもある。家制度の強固なつながりからすれば、実際の「家族」は血族のみであり、本人たちも意識しないほどに深層に潜んでいるものは「純血主義」である。

経営権に関するすべての制度については「男系中心」におかれ、出産・育児については「母系中心」におかれる。したがって、嫁から生まれた子どもは、息子の血を受け継ぐものであり、子どもの所属は「家」にあるが、子どもの「血筋」を意識するとき、不思議なことにそれは「母系」を中心に据えられるのである。すなわち、嫁の子どもは、嫁という他人を通じて嫁の「血筋」を引き継ぐ存在であり、自分たちの「血筋」を引き継ぐものは「嫁に行った娘」の子どもなのである。

今でも多くの嫁たちが、子どものものを実家で揃えて持ってこいと言われ、しかも、その豪華さや品数を競わされることに苦悩している。生活改善運動はこうした慣習を廃止しようと試みたが、今でも完全に取り除かれるまでには至っていない。

義母の古いしきたりに悩む

匿名希望　二十八歳

しゅうとめは、親戚や知人に赤ちゃんが誕生した折に、「子どもが生まれると、必ず七夜着物、宮参りの着物、ベビーダンスに布団一式、そして乳母車など、すべて必要なものは母親の実家から頂くものだ」と言うのです。我が家でも長男が誕生した際、必要でないという私の考えで七夜着物を頂かなかったところ、二男の生まれる時、はっきりと言われました。無駄だと思いながら実家の親に届けてもらいました。

（「女の階段」投稿、『日本農業新聞』一九八五年五月十六日付）

この投稿に対して、四十七歳の若い姑からは次のような反響がよせられている。

匿名希望　四十七歳

我が家は息子に嫁を迎え、昨年十月に孫ができ、ベビーダンスに布団一式、乳母車に紋付といろいろ実家で揃えてもたせてよこして下さいました。本当にすまない気もしますが、どれも使うのは嫁なのですから、実家の母と相談して自分の気に合うものを作ったり、買ってもらうことは致し方ないのではと思うのです。

（「女の階段」投稿、『日本農業新聞』一九八五年六月二十八日付）

ここにいる嫁の姿は単にタダ働きの労働者というより、全人格が支配される奴隷制社会における奴隷の姿に近い。ここから逃れようとすれば、嫁はいきなり生活基盤たる財産も職も、住まいもそして子どもさえ失うことになりかねない。職住が分離していない農家の嫁たちにとって、職を失うことは住居をうしなうことであり、生活すべてを失うことでもある。また、地域共同体としての機構が厳然と残る農村で突出した行動をとることは、そこでの関係性も断ち切られることにもなりかねないのである。

五　生活改善運動がもたらしたもの

1　「新生活運動」の時代

一九四七年、片山哲内閣のもとで提唱された「新国民生活運動」は、その後、鳩山内閣に継承され、本格的に動き出した。その内容は、生活現場、労働現場、そして地域社会全体の「近代化」「合理化」を進めるものであり、農村においては、衛生環境の改善、食生活の改善、農業の生産性向上、台所改善を含む住環境の改善や貯蓄の奨励、記帳による計画的な家計運営等、生活全般にわたるものであった。新生活運動について、大門正克は、学校給食や食生活改善への取り組みにはパン食や肉食を普及しようとするアメリカの小麦戦略が、そして、衛生環境の構築への取り組み（蚊・ハエの駆逐等）や農業改良普及事業には化学兵器が転用された農薬・化学肥料・薬剤が、また、家族計画の普及にはアメリカのアジア戦略が対応していたことを指摘する。[*15]

一方、日本の財界においても、「新生活運動の会」が発足したが、その始まりは、一九五一年九月、サンフランシスコ講和条約調印後の経済同友会の第四回全国大会に先立って行なわれた幹事会で出された「新たなる生活の刷新をはかるため、この際経済同友会が率先して新生活運動を提唱すべきである」[*16]との提案であった。この提案を受けて準備委員会が設立され、続いて、一九五二年には財界四団体が「新生活運動に関する共同声明」を発表、同年、財界五団体によって「新生活運動の会」が創設されている。[*17]

その背景には、賃労働者とその家族を労働者家族ではなく「消費者」に、すなわち階級ニュートラルな存在に落とし込むことで、消費者が資本と対等平等な立場にあることを広く納得させ、生産性向上運動のサポーターとして彼らを再編したいという政府・財界の希望があった。生産性向上は今や国民総動員で取り組むべき目標となり、この目標に向けて職場、地域が総がかりで「改善」を進めていくことになった。そのためには、賃金抑制さえ受け入れ、労働者も一般市民も、全国民がこれに従うことで「欧米なみ」の生活水準を勝ち取ることができるとの意識が広まっていった。

2　生産性向上運動に組み込まれる消費者

一九六一年に設けられた財団法人日本消費者協会（現在は一般財団法人）は日本生産性本部の消費者教育機関「消費者教育室」から生まれた組織である。設立時の会長は日本商工会議所会頭であり、理事長、専務理事はいずれも日本生産性本部からの就任となっている。もともと、消費者教育室とは、資本制生産に対応した家庭生活と消費市場を創造するための消費者教育機関として開設されたものであり、そこで位置付けられる消費者像とは、労使協調で進められる生産性向上運動を支えるもう一方の主体としての消費者であった。生産性向上運動は、戦後続々と設立された消費者運動組織と強く結びつきながら進められていった。たとえば、「この日本消費者協会は、他の消費者団体からは一応のところ独立した組織ではあるものの、設立発起人には主婦連合会会長の奥むめおや地婦連の会長を務めていた山高しげりの名があることからもわかるように、日本の代表的な消費者団体とも深い関わりを有している」[*18]ものであった。

山高しげり[*19]、奥むめお[*20]は、戦前は市川房枝や羽仁もと子[*21]らとともに婦人参政権運動の中心的役割を担っており、戦後、参政権が認められると、消費者運動のリーダーとして名を連ねるようになっていった。ただし、彼女らは、戦時中、国民精神総動員中央連盟[*22]に主要なメンバーとして参加し、女性たちをもっと徴用すべきとまで発言していた、いわば軍国主義の推進者であった。それが、戦後の日本で、消費者の権利拡大を要求し、くらしの向上を訴える側に立つことは一見すると対立しているようにも見える。

これらの女性リーダーたちの「戦争への積極的加担」の根底にあるものに対する若桑みどりの分析は、この一見矛盾する行動の真の姿を明らかにするという意味で秀逸である。若桑は、進歩的な女性指導者たちが戦い続けてきた男性社会――それまで女性の社会的存在意義を無視し、締め出してきた――が、戦時中、生産現場における女性労働力の必要性を認めざるを得なくなったことを好機と捉え、自分たちが置かれている状況を改善できるチャンスと信じたのだと分析している。[*23]それは、戦後の生産性向上運動に再び彼女らが積極的に「加担」したことにも脈々と受け継がれている姿勢であるといえよう。

戦時にあっては、政府は国民を総動員するために、女性解放の闘士たちを逆に一般の女性たちに対するプロパガンダの担い手として再編していったが[*24]、戦後は、GHQ、政府、財界が生産性運動という国民的運動のプロパガンダの担い手として再び女性リーダーたちを再編していったのである。

原山浩介は、日本生産性本部が産み出した日本消費者協会と、敗戦直後に創刊された『暮しの手帖』の立ち位置の明確な違いについて、こう指摘する。


『暮らしの手帖』は、そもそも読者の生活の中に沈殿していくような内容を持った紙面作りをその方針としていた。……ひたすら読者の暮らしに内在しようとする同誌の立ち位置とは対照的に、日本消費者協会の採った方針は、より産業社会に根ざしたものといえる。……日本消費者協会の基本的な立場は、人びとを消費者として産業社会に位置付けようとするところにある。そのため、個々の生活を改善していくことで、人びとは消費者として「社会全体の健全な成長」に資さねばならないということになる。[*25]

ここでいう「社会全体」とは、あたかも「国民＝消費者皆にとっての」ととらえがちだが、実は、企業すなわち資本こそを主役として成り立つ社会である。その意味で、この「社会全体」とは「社会総資本」と読み直しても差し支えないであろう。

3　労働現場における生活改善運動

労働現場では生産性の向上を最大目標として、そのための就業時間の厳守、職場における無駄な時間の洗い出しとその解消が提言された。「近代化」「合理化」が労使ともに目指すべき目標とされ、それこそが、日本の自立とより良い生活の実現に必要なことであるとの論理が語られた。労働秩序の資本主義的再構築や生産の最大効率化を目指す資本蓄積の目的は全国民が取り組む新生活運動の看板で覆い隠され、生産性向上運動はあたかも企業利益のためではないかのような装丁が施された。労働組合の協力を得て生産性向上運動への取り組みが労使協調で進められた。

生活改善の取り組みは、個人の性生活にまで及んだ。一九五一年には受胎調節に関する指導資格を与える制度が創設され、日本鋼管川崎製鉄所では避妊具を労働者に配布した。五四年には厚生省が推進役となり、新生活運動の中に家族計画を位置付け、全国の自治体で学習会がおこなわれている。[*26]

生活改善への取り組みにおいて、「近代化」「合理化」というキーワードは、すべての家庭生活の基本に据えられた。およそ生活に関連する事柄で「改善」の対象にならないものはなかった。新生活運動は、家族計画、すなわち個人の性生活までも取り込みながら「市場を介した消費を組み込み、生活を合理的に切り盛りすること」でこそ、「近代的生活」は実現するというメッセージを伝える運動であった。そこでは、のちにアメリカから入ってくるスーパーマーケットのように定価がつけられ、大量生産され画一化された商品を購入する行為こそが、「近代的」で「合理的」な消費者にふさわしいものとされたのである。*27

一方、国民の側でも、敗戦によってそれまで国家に埋没させられていた生活を個人に取り戻す試みが自然に湧き上がっていた。一九四八年に『暮しの手帖』が創刊され、また、戦時中解散させられていた消費生活協同組合も、同年「消費生活協同組合法」が制定されると、再び各地で設立が相次いだ。これらは巷間で自主的に取り組まれる生活改善の試みであった。アメリカの対日政策が「逆コース」*28をたどる中、再軍備化への警戒感の高まりやベトナムへのアメリカ軍の軍事介入に対する反対運動なども活発化した。住民運動や社会運動に多くの国民が参加した。

「産めよ増やせよ国のため」「欲しがりません、勝つまでは」との標語のもとで、常に軍国主義のもとで国家の利益とセットでしか語ることができなかった「個人」や「くらし」が、やっと自分たちの手の中に戻ってきたと女性たちは考えた。日々のくらしで直面する非科学的で非合理的な要素を取り除くことを、今なら誰にも抑止されずに行うことができるのではないか？　それが、戦争を経験した女性たちが抱いた思いであった。そうした生活を希求することは、自分たちからすべてを奪おうとしたあの悲惨な戦争の時代に二度と再び立ち戻らないという強い決意と一体のものであった。

「くらし」の改善や、そのために必要な下からの共同を実現する運動は、支配層の意図するところはどうであれ、国民の側では平和というキーワードとセットで進められた。それは、総じて「文化的な活動」として理解されたし、「文化生活」は「変化の可能な生活、技術革新を通じての進歩、そして、より合理的、科学的、西洋的、平和的、そして民主的な物事のやり方などであ」り、「それは国際的な、より自由な、そして民主的な価値観を思い起こさせた」*29。

したがって、くらしというキーワードを軸に繰り広げられるさまざまな運動は、国家や財界の思惑を超え、多くの女性たちの自主的な参加を得ることになったのである。こうして社会に向けられた目は、戦前に逆戻りしようとするどんな小さな動きも見逃さなかった。

言論の自由と知る権利を

塚越アサ子　四十六歳　（群馬県太田市）

米国の新聞がベトナム戦争介入への経緯について、国防総省の作成した機密文書を暴露した事件を読んで、思わず大東亜戦争のことを思い起こさないわけにはいきませんでした。民主主義国として自他共に許していたアメリカで、言論の自由が政府と新聞の対決という形で現われたことは、注目すべきことと思います。二十代の青春を戦争末期に過ごした私どもにとって、兄やいとこ、そして友人を数多く南方戦線で海のもくずとさせ、あるいはジャングルで死なせた、あのいまわしい聖戦を「ほしがりません、勝つまでは」と、何もかも秘密のうちに、国民に犠牲と協力を強制した過去の歴史をふり返って、言論の自由が圧迫され、知ることの権利が奪われた時に国家も国民も不幸への道を歩み出しているのだということを痛感いたします。

アメリカの出来事として見のがすわけにはいかないと思います。わが国でも最高裁は理由をいわないで司法見習い生を不適格として世に出ることを阻んだ事件がありましたが私ども国民も、そんなことは私たちには関係ないという態度は、厳にいましめて、正しい怒りを正しく表現したいと思います。二度とあのいまわしい戦争を起こさないためにも、言論の自由と知ることの権利を守りたいと願うものです。「民は因《よ》らしむべし知らしむべからず」ということわざが幅をきかさない世の中になってほしい。

（「女の階段」投稿、『日本農業新聞』一九七一年八月十一日付）

4　農村における生活改善運動

①女性労働の「合理化」運動としての生活改善

敗戦から三年後の一九四八年、日本は未だ輸入食糧に依存し、低価格の国内の農産物との差額を埋め合わせるための助成金が国庫の大きな負担となっていた。財政支出を抑えるためにも食糧増産は急務であった。さらに、アメリカにとっても、米ソ冷戦のもとで、日本の経済的自立を急がねばならないとの思惑がはたらいていた。さらに、一九五〇年代後半になると、朝鮮戦争の特需によって勢いづいた製造業を柱とする資本蓄積の促進にむけて国家財政の支出先の優先順位を農業から工業へと転換しなければならないとの課題があった。

一方、農家は、戦後、食糧増産政策のもとで田畑を広げ、強制供出に対処しつつ、戦地からの引き揚げ者や都市部に移動した親戚縁者の食糧庫の機能までを担っていた。都市部の飢えた人々からすれば食糧にあふれているように思われていた農村の生活は、現実には困窮を極めていた。

女性たちの農作業と家事育児等の労働時間を合わせた労働時間の総計は男性を凌駕しており、困窮を極める生活の中でもっとも負荷がかかっていたのは農家女性たちだった。したがって、女性たちにかかっている負荷を取り除くことが、特に農業技術の近代化に即した生活技術の向上や意識改革を進めるために必要と考えられた。もちろん、農村においても、都市部と同様、生産性向上を妨げるあらゆる因習や迷信を取り除き、計画的な家計運営の方法を身につけさせること、衛生環境の改善や貯蓄の奨励、そして、増える人口を抑えることが求められた。

農村を食糧生産の基地としてだけでなく、一大消費市場とするための、資本主義的合理性に基づいた国民生活（資本主義的規範、資本主義的消費を含む）の実現が求められた。そのための主たる取り組みが、新生活運動であった。

農村における新生活運動の素地は、戦前戦中を通じて行われてきた日常生活の改善運動に求めることができる。[*30] この時の運動は台所の改良やそのための「講」の設立、衛生面の改善などへの取り組みを中心にしたものであったが、それはあくまでも個人レベルの取り組みであった。[*31] 戦後の生活改善運動も、食糧増産のための生産性向上、生産活動への圧迫要因を成している家事労働の「近代化」「合理化」をめざすという意味ではそれまでの生活改善運動と変わらなかったが、戦後は、法を整備し、これを根拠に全国で組織的に広く取り組みが行われたという点でそれまでとは規模も内容も大きく異なるものであった。

ＧＨＱのリードのもと、一九四八年に「農業改良助長法」が成立すると、直ちに農林省内に農業改良局が作られた。ここに、富裕層出身のクリスチャンでありアメリカ留学を経験している大森松代を初代課長として生活改善課が設けられた。その直後、同年十一月三十日を初回に以後数回開かれた「生活改善に関する懇談会」に有識者が集められた。今和次郎、香川綾、羽仁説子、丸岡秀子、奥むめお、江上フジ、東畑精一、大内力、福武直である。会合を重ねた末、懇談会から、通達「農家生活改善推進方策」が提出されたが、この通達では、「生活改善普及事業の最終目標」を「農家の家庭生活を改善向上することとあわせて農業生産の確保、農業経営の改善、農家婦人の地位の向上、農村民主化に寄与すること」とし、改善されるべき分野は「直接家庭生活の中にある生活技術と生活経営の問題」であることが明記された。[*32]

②生活改善運動の実際　こうして、全国に二八八名の生活改善普及員が誕生したが、当初は、農村に入ってもなかなか活動の場を広げることはできなかったという。「普及員に与えられた課題は、（1）健康（環境、衣食住、過重労働、作業衣）（2）資金および現物管理（冠婚葬祭、農産物の食生活への応用）（3）子女育成（子供の衣服、適切な食事、危険防止）（4）家族関係（民主化）であった」[*33]が、家庭生活に関することであっても意見を出すことが許されない嫁が、家族の協力を求めたり、金のかかる改善を提案することなど、とうてい考えられる状況にはなかった。

表１　生活改善実行グループがとりあげた課題（生活技術）と生活改良普及員の援助（全国）

	課題（生活技術）	主な課題としてとりあげた生改グループの数（注1）	生改が援助した部落数（注2）	採用した農家数／部落の全世帯数（%）（注2）	実施した年数（大体何年の実績か）（注2）
住宅設備の改善	かまどの改善	955	43,187	30.9	6.7
	台所の　〃		40,689	25.6	9.9
	風呂の　〃	—	26,745	16.4	6.4
	便所の　〃	79	17,831	18.7	6.3
	住宅全体の　〃	34	16,530	8.7	6.2
	給水設備の　〃	250	23,618	26.9	6.1
	排水設備の　〃	23	16,496	17.9	5.9
	暖房設備の　〃	—	12,927	33.7	5.4
	太陽熱利用タンク設置	230	17,367	13.0	4.5
食生活の改善	Ca強化味噌	230	19,065	29.2	4.8
	保存食	975	49,269	48.8	6.4
	粉食（パン）	169	13,649	27.0	5.4
	粉食（めん類）	—	24,483	48.1	5.9
	小家畜飼育	108	33,141	42.6	6.2
	作付計画	346	17,715	31.4	5.3
共同施設の設置および利用	農繁期共同炊事	356	2,613	24.4	4.8
	共同製パン所	—	2,429	44.3	4.7
	食品共同加工所	106	1,354	33.4	4.6
	共同菜園	—	1,305	21.1	4.2
	共同裁縫所	29	89	36.4	4.8
	共同洗濯所	20	602	30.2	4.8
	共同浴所	2	207	29.1	4.7
	季節保育所	95	5,196	34.5	5.7
その他主な改善事例	改良作業衣の着用	630	25,975	40.2	6.2
	家計簿の記帳	382	16,330	25.9	5.6
	農休日の設定	65	10,965	41.8	5.4
	日用品の共同購入	65	15,923	52.4	5.4
	蠅蚊の共同駆除	259	25,153	48.1	5.2

注１　農業改良普及事業十周年記念事業協賛会編『普及事業十年』（昭和33年10月）、196-197頁より作成。

注２　農林省大臣官房総務課編『農林行政史』第10巻、1973年、869頁より作成。

出典：市田（岩田）知子「生活改善普及事業の理念と展開」『農業総合研究』第49巻第2号、29頁、第3表

生活改善普及員は試行錯誤を重ねながら、一九五一年に結成された農協婦人団体連絡協議会の傘下にある農協婦人部の協力を得て、農家の嫁たちの集まりである「若妻会」や読書会などを通じて、語り合う場をつくっていった。村の集会は男性中心で、女性たちが主体的に口を開くことも、意見を述べることも容易ではなかった。そのような中、生活改善運動が生み出した会合や勉強会等の集まりは、公的支援を後ろ盾に、農家の女性たちが、唯一、参加を許される社交の場であった。

農村における生活改善運動の主たるものは、女性たちを農作業と家庭内労働の重労働から少しでも解放することに置かれていた。生活空間と作業空間の分離やかまどの改善、台所に窓を設け、日当たりや風通しを確保する台所改善事業、保存食や粉食の導入、農作業着の改善に加え、高度成長期に入ると、共同炊事、農繁期の保育所の設置など多岐にわたる活動が展開された。また、節約を目標に、儀礼的支出の削減、生活改善のための貯蓄の奨励（無尽講等を含む）への取り組みも行われた（表1）。

さらに、事業の一環として、講習会や栄養指導、農産物コンクールなど、嫁だけでなく姑も含めて参加できる場が用意されると、こうした生活直結型の情報に人々は耳目を傾けるようになった。働き手である男性農業者の多くが出稼ぎで不在となる農閑期、女性は、農作業や家事・育児等のかたわら、ウサギやニワトリを飼い、むしろを織り、菅笠を編み、内職をこなしながら留守を預かっていた。こうして得た農外収入と夫が出稼ぎから持ち帰る賃金収入のいくばくかが、生活改善のための費用に充てられていた。

この運動は、ふだん家の中に閉じ込められ、集落の事業に発言も許されずバラバラに置かれていた農家女性たちを家庭から引っ張り出すことにつながった。また、生活改善運動は家事労働の軽減をもたらし、同時に、運動の中で得られた知識が更に女性たちの社会との関わり方に影響をあたえ、また実際にこれらの活動によって当初は実効性に懐疑的であった年寄りや男たちが女性たちの力を認めるなどの変化をもたらした。そのほか、作業着の改善、作業空間と生活空間の分離など、自分自身の手で生活環境の改善を行うことができたという実体験を得て、そこから生活を見直すことへの積極的姿勢を獲得し、自立して地域の課題に取り組む女性たちを生み出した。

明治生まれの両親と戦後生まれの子供たちの間にはさまれて、戦中教育を受けた私ども同年代の母親たちは、子育て一つとってみても話してみればみんな同じ悩みを持っていた。そうした人たちが集まってグループができた。このグループは、当時あったＰＴＡでも婦人会でも農協婦人部でもない、独自の、自主的なグループであった。ＰＴＡは学校が、地域婦人会は行政が、農協婦人部は、農協が、常に後ろに控えていて、縦横のからみのなかで運営されるが、私どものグループはそのどれにも属さなくて、そのどれにもある良いところを吸収しながら育っていきたいという思いがあった。会則もなければ会長もいない、加入、脱退自由という極めて民主的なグループである。

（永井民枝『農婦』、日本経済評論社、一九八九年、一二三―一二四頁）

永井民枝たちがつくったこの「つくし会」は、地域で昔から子供達の水遊び場として使われていたお寺の池が、上流に造成された畜産団地によって汚染され、しかも、いつ水難事故が起きてもおかしくない状態におかれている現状を市民・議員に訴え、二五メートル、五コースのプールと幼児用の浅い手摺りのついたプールを作らせている。

③GHQ、政府の思惑をこえて――受胎調節＝家族計画

前述したように、生活改善運動は、一方ではアメリカと政府、財界の思惑を背負って、資本が生産現場だけでなく、個人の生活の場までを包摂しようとする衝動を原動力としながら進められたものである。家族計画を広めようとしたGHQの側にも、政府の側にも、現在では常識となっている女性の産む権利や母性の健康を人権（ヒューマン・ライツ）として捉える意識はなかった。その意味では、確実にこの運動は「上からの」押しつけでもあった。しかし、それは、戦争で失われた生活を再びとり戻そうとする生活者たる女性たちが受け入れたからこそ広がったことも事実である。

特に、受胎調節は、個人の性生活にまで国家が干渉するというものであったにもかかわらず、農村の女性たちに歓迎された。

当時、農村部では、避妊に対する夫の協力が得られないまま、幾度も妊娠し、その度に堕胎を繰り返し、死に至ったり、ひどい後遺症を負ったりする悲劇が頻発していた。いくら、女性たちが受胎調節の必要性を感じていたとしても、この問題について後ろ盾なしに夫や義父母に物申すことは不可能だった。そのような性生活・妊娠・出産に関してほぼ無権利状態に置かれた当時の農家女性たちが直面していた堪え難い実態を改善することにこの家族計画の推進は大きく寄与したのである。

生活改善普及員が受胎調節の勉強会を開催すると、多くの女性たちが集まり、盛況であったことからも、この問題が、GHQや政府の「人口抑制」という思惑を超え、女性たちが自らの命と健康を守るためにどれほど切実なものであったことかがわかる。

④生活改善運動の限界――性別役割分業の固定化

しかし、生活改善運動は、農村の民主化の必要性を唱えながらも、その運動の領域は限定的なものにとどまった。それはあくまでも農家女性を家庭内労働の専業的担い手と位置づけてそこに集中的に指導がおこなわれたからである。当時、「家」制度が厳然と残る農村において、女性だけを対象に生活改善を提起することは、家事労働をはじめとする家庭内労働の担い手が女性であることをこれまで以上に明確に宣言しているに等しいものであった。[*34]

また、台所改善や衛生環境の整備、トイレの設置等、目に見えて結果が現れる改善運動への取り組みは農家女性たちを鼓舞する力にもなりえたが、その一方で、女性たちに今以上の加重労働を強いることにもつながった。改善事業は一方では家事の省力化を実現したが、その費用を捻出するために女性たちが更に生業に時間を費やし、加えて副業を背負いこむことになったからである。生活改善によって省力化された時間にしても、結局、そのまま他の労働時間に組み入れられただけで、女性たちの体が休まるときはなかった。

さらに、こうした生活改善事業が、直接的には家族関係に変化を生じさせることはできなかった。たとえ、生活改善運動の参加者が性別役割分業そのものを問題視しても、当時の出稼ぎがあくまでも男性の仕事である以上、夫が不在の間、「家」に残る女性に農作業だけではなく家事・育児・介護すべてがかかってくる状況に変化をもたらすことはできなかったのである。同じく、女性が出稼ぎに出るようになってからも、男女賃金格差の存在は、女性たちの労働を「補助」的な存在にすぎないとする評価を固定化した。こうして、やはり女性は労働より家事や育児で社会的評価を受けるべきだとする社会的認識はますます強化されることはあっても、揺らぐことはなかったのである。

また、農業経営権の獲得、農地の所有権の分与等、現実的な農村女性の地位向上を求めることが運動の中心となることもなかった。生活改善普及員がこの課題に正面から取り組もうとすれば、頑強な旧来の家父長制的イデオロギーの前に運動そのものが崩壊する危険性さえあったからである。性別役割分業の神話をのりこえ、賃金の問題に踏み込むだけの有効性を、新生活運動に求めることはできなかった。

⑤運動の限界を超えて　生活改善事業が、ターゲットを女性、特に若い世代（多くは嫁）に絞ったことで、結果的に性別役割分業を是認することになってしまったことも、この運動の限界のひとつであった。

このことについては、すでに「生活改善に関する懇談会」に参加していた今和次郎、東畑精一が、まず零細ゆえに貧困のままにおかれ、それが生活や変化のことに農家が思いを馳せる余裕を奪っていることを指摘した上で、農家女性を取り巻く家族関係、中でも嫁姑関係に切り込むことなく生活改善を進めようとすれば、自ずと農家女性の負担が増大するだけであることを警告している通りである。[35]

一九六五年七月五日の『日本農業新聞』の「論説」は、実際に、兼業化が進行し、多忙な毎日を送る農家女性たちが生活改善グループの運動に参加できない状況が発生しているとして、一九五七年には全国で七五〇〇もあったグループが、一九六四年には三六八〇と半減に近づいていることを報じている。紙面では、兼業の進行、農家家計への商品経済の浸透など、農家の生活環境に大きな変化が生じているにもかかわらず、これに生活改善運動が対処できていないことを原因として挙げている。

生活改善運動は、家庭の主婦を生活改善の担い手として設定していたために、農家女性さえ出稼ぎに行き、家に不在になることを想定していなかった。

生活改善運動はこのような限界を持ってはいたが、農村地域を中心に同じ課題に関心をもつグループをつくるきっかけになった。こうした動きが定着していくと、生活改良普及員が直接働きかけて組織される会だけにとどまらず、様々な場所でさまざまな課題に関わりあう女性たちが自ら組織を立ち上げるようになった。そのうち、講師を招いて、多彩な勉強会を開くグループも出始めた。講演タイトルには、育児に関するものから政治・経済問題に言及するものなど、自分と社会との関わり方を問うテーマまでが含まれるようになっていた。[36]

六　農家の女性の地位は変わるか？

農家女性の地位は、その後のさらなる都市化の進行、兼業化の進展、特に第二種兼業農家の圧倒的増大、大規模市場（男中心の）からの撤退とニッチ市場に依存しなければならなくなるほどの国内農業市場の狭小化、何より農業の衰退によって大きく変化していくように見えるが、はたしてそうだろうか？

のちに見ていく家族経営協定は、農家女性たちの労働条件について家族内で契約関係を結び、これによって女性のタダ働きや過重労働を是正し、女性の経営権への関与を拡大させることをターゲットにして取り組まれているものである。しかし、相変わらず、女性には生前一括贈与がネックとなり父親から長男への財産譲渡の過程に食い込む機会が与えられない場合が多く、「家」を維持してきた功績が報われないまま、経済的に不安定な老後を余儀なくされるケースも多い。

女性が置かれている環境を厳密に見ていくと、さほどその状況は変わっていないように思えてくる。それはなぜなのか？　まずはここまで見てきた基本的な問題をまとめておこう。

①零細さを原因とする生産性の低さ――機械化を阻む零細で点在する耕地が、労働集約的な農業を必要とし、このことが家族構成員の長時間にわたるタダ働きを前提とする農業生産につながった。

②自営業、なかでも職住が分離されていない農業特有の問題――農作業を行う場所と生活を行う場所が分離されていないことから、「家制度」から分離された労働現場が存在せず、他の労働者と

の組織的な労働も日常的には存在しない。したがって、日常的に労働者意識を形成する土壌が成り立たず、常に孤独で、権利意識を育てられないか、もしくは権利意識を持っていても行動に移すことはむずかしかった。

また、家族経営の自営業においては非農家の場合も同様であるが、無給で働くことが当然と考えられている。これは自らが経営者でもあり、自らを労働者として雇用する独特な雇用形態を有する自営業ならではの特徴から生じるものである。

③土地という私有財産と、これに付随する血筋主義と純血主義の闘争――嫁は婚家の財産を継ぐ後継者を再生産するために必要不可欠な家族構成員である反面、純血主義の立場にたてば外側から「異なる血」を持ち込む存在でもある。「家」の維持のためには「家」の外にいる血筋外のものを取り込まなければならないが、それは同時に純血主義に反する行為となる。いわゆる外孫も同じく「異なる血」を受け継ぐ存在であるはずだが、出産という行為が、自分たちの息子の子どもという より嫁の子どもとしてのイメージを固定化しやすい。ここに、女性は男性に存在しない「母性」で子どもと結びつく特別な存在であるとの母性神話が拍車をかける。こうして、嫁とその嫁から生まれる子どもが「家制度」の内部矛盾の犠牲になるケースが多発した。

④体制内への共同化の編成――集落の共同作業は、運動主体として階級意識を育てる方向にではなく、もともと食糧増産のための国家主義的実践の原動力として利用されてきた。生活改善のための運動が求める自主性や共同化は、あくまでも農作業の近代化・合理化をもって生産性向上を図るための必要条件であり、それを超えて自ら考え、社会、政治の変革主体となることは少なくとも生

活改善運動の枠内では無理だった。生活は政治から切り離され、生活の充実は政治的変革を必要としない範囲に限られていた。

共同化は、こうした支配層の目的を超えて進展することもあったが、その場合には、枠外にある運動体のなかで目的が達成された。少なくとも、同じ境遇にある女性たちが家制度を破壊するために共同行動をとることは想定されていないか、生活改善のための運動への周囲の理解を得るためには持ってはいけない危険思想であった。

⑤戦後の農民運動が労働運動から切り離され、農民運動それ自体が弱体化したこと——戦後の、コメの強制供出と小作料とさして変わらない高率の税負担に困窮を深めた農民たちは労働者、中小業者とともに反対運動を組織し、抵抗闘争を繰り広げた。しかし、税制改革とコメの全量を市場価格より高く買い取ることを通じて、支配層は農民層を闘争から離脱させることに成功する。こうして、農民は「闘う農民、労働者と共闘する農民」から「支配政党の支持母体」へと変貌を遂げていくことになる。農民にとって、農村から農村の利益を代表する政治家、中央との太いパイプを使ってどれくらいの補助金を持ってこられるかが政治上の関心事となっていく。共同作業の場も多く、周囲との関係から切り離されては生活できなくなる農村では、政治的発言は、支配政党への支持表明以外には避けるべき話題となる。こうして、農家女性たちは政治から切り離され、台所や居間でできる生活改革や、子育てに関わる「女性ならではの」要求を実現するための運動に限定した活動で社会と関わっていくことになる。

時代の最先端で後継の女性たちをリードする「女の階段」の第一世代は、こうした息苦しさを飲み込みながら、地域社会の中で調和をはかることと改革のバランスのとりかたに苦悩しつつ、努力を続けていくことになる。

インタビュー

永井民枝さん

農村でも男女平等はあたりまえでなければ

永井民枝さん（九十三歳）は愛媛県西条市在住。かつては専業農家、現在は長男夫婦と暮らす。

自伝的エッセイ『農婦』、『久妙寺に生きて』の二冊を出版、その力強くも優しい文章は多くの出版物で紹介されている。

――ここは専業農家が多いですね。愛媛県は全国平均と比べても高い方です。温暖な地域ゆえでしょうか。

そうかもしれませんね。暮らしやすいところだと思います。私の実家のほうは子供がいませんが、久妙寺は子供が五十人くらいです。多い方ですよね。

若いご夫婦の働き口は松山、新居浜、西条あたりでしょうか。皆、地元を離れずに子育てもここでやっています。お祭りなんかも子どもを中心にして、おじいさんもおばあさんもみんな参

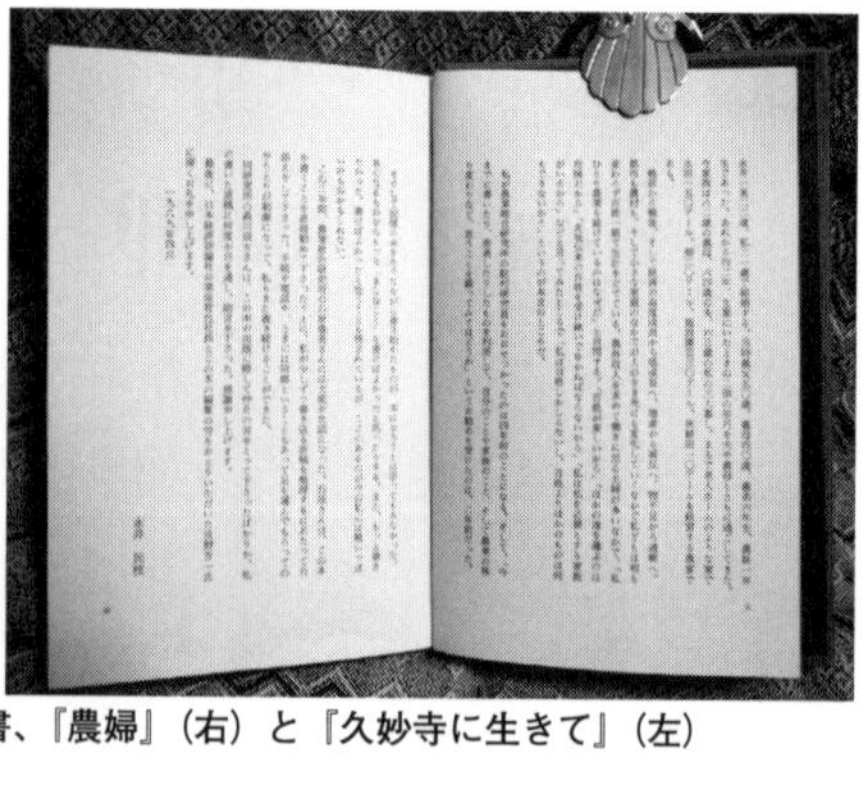

永井さんの著書、『農婦』（右）と『久妙寺に生きて』（左）

加して賑やかです。

――こちらの地域は多様な作物が栽培されているようですね。しかも休耕田をあまり目にしません。

この辺は昔から裕福なところだったと思います。後継者が三代も続いて同じ敷地に別棟を建てて一緒に住んで、技術と農地を継承しているところも多いですね。主軸となるものはお米です。もうやれない人のところの田んぼは作れる人たちが集団で請け負って作って田んぼや畑を荒らさないようにしています。

――今、息子さんは農業をやっていらっしゃるのですか。

息子は田んぼをやっていません。村人の名簿をこさえたり、ここいらの地図を作っています。田んぼの所有者や継承の有無などを市や県の人と、今年から始まる地区農地の区画整理事業で一緒に調べたりしています。ここはまだ継承されていないとか詳しく調べたりして。

退職してここへ戻るとき、区長と民生委員だけは受けられないと断りました。ですが、その分、村のために一生懸命に働いてくれています。それに、ボランティアで村の子どもたちに一対一で勉強を教えています。少しでも村のお役に立てればということで。

――今のお住まいは？

息子夫婦と別世帯同居という形で住まいしています。屋根はつながっていますが、居住空間は完全に分かれています。

息子が「定年退職後には妻と一緒にみてあげますよ」と言って帰って来てくれました。農協のことや村のことはみんなやってくれています。

――これまでさまざまな場所で、いくつもの重要な問題提起をされていますね。

ふだんから思っていて、中でも農家の妻が如何に男女不平等であるかを世に問うことを考えていました。年金の問題も、ずいぶん何度も『日本農業新聞』に投稿しました。「女の階段」の場では、丸岡秀子先生の影響が大きく、学ばせてもらいました。私は労働省婦人少年室協助員を十年程勤めましたが、そこでも本当にいろいろ勉強させてもらいました。

こういった学びの経験を通して疑問に感じたことを「女の階段」の全国集会だけではなく、労働省主催の東京で行われた日本婦人会議の場でも何度か発表しています。この日本婦人会議は、ちょうど国連婦人の十年の中間年に当たる一九八一年に開催されたものです。世界は動き、世の中の動いていく方向は女性にもっと力を発揮させようとしているように思いました。しかし、まだ農村の女の地位は低く、なかなか変わっていないのだと、日本婦人会議で農家以外の人たちに訴えました。

――永井さんのお宅ではいかがでしたか？

農村では男性が威張る家が多いものですが、我が家は最初から違っていました。我が家では、代々、男は女を大切にする家庭でした。ですから協助員のことで出かける時も「よう勉強してこい」と言ってくれました。地域全体が開けていたように思えます。年代別の同志会みたいなものもありましたから、嫁が外に出やすかったのではないでしょうか。

――小言を言われるようなことはなかったのですか。

よその家では女が出かけることは嫌われていましたが、我が家ではそういうことはありませんでした。農作業が忙しい時でも「よう勉強してこい」と送り出してくれたのです。

――お姑さんとの関係はいかがでしたか？

実は、私は、お母さんと五十年一緒に住みましたが、一度も喧嘩したことはありませんでした。わたしたち夫婦に代を譲る時には、私はお母さんと二人の口座を作って貯金をするようにしました。女は働くばかりで財産がありませんでしょう。だから、貧乏な年寄りが増えてしまうのです。当時は、女性が口座を作って貯金をすることもまだまれでしたが、母に財布を任せてもらった時、母にも貯金がなければいけないと思いました。

姑たちは、私たちの代に経営（農業も家計も）を渡して気楽になるとゲートボールや観光旅行などに出かけるようになりました。同じ世代同士で色々話をして親睦を深めるようにしていました。会の名前は自分たちで「すみれ会」と名づけて活動していました。他のグループとの交流も盛んでした。

――外に出て、学ばれ、そして行動してきたのですね。

一九七一年から十年間労働省婦人少年室で仕事をした際に勉強したことが大きいと思うのです。そのときも『日本農業新聞』の大塚憲治さんが資料を見せてくれました。それを、勉強に、執筆にと活用させてもらいました。

労働省婦人少年局：一九四七年九月、民主改革のもとで労働省が発足すると同時に婦人少年局が作られた。初代婦人少年局長は山川菊枝である。GHQが戦争協力しなかった女性リーダーを探して、山川に白羽の矢を立てたのであった。山川は、当時、周囲の反対に動ぜず、室長には全員女性を配したという。

山川はわずか四年で退任を余儀なくされたが、残した功績は極めて大きい。その後、婦人少年局は男女雇用機会均等法前年の一九八四年には婦人局へと名称を変え、のちに「婦人」から「女性」へ、そして女性の名称はなくなり、厚生労働省雇用均等・児童家庭局となり、現在は雇用環境・均等局となっている。

永井さんが務めた協助員は、この婦人少年局の出先機関として各都道府県の労働基準局内に置かれている婦人少年室の仕事を助け、具体的施策の実施に直接関わっていた。永井さんは愛媛の地で、職員とともに行政と現場の働く女性たちとを繋ぐ仕事を担っていた。

――連れ合いのことを「主人」と呼ばないようにしようという提起もなさっていました。

「主人・家内オイ！ハイ！／これでは主従の関係／名前で呼ぶのは当然」

夫婦関係について考えてみたいと思います。お互いの呼び方はどうしていますか。夫のことを主人と言いますか。主人というのが固有名詞のようになっている感じがしますが、どうもひっかかります。夫婦の間に主従の関係は存在しません。夫婦はお互いに名前で呼び合いましょう。他人に言う時は夫といいましょう。私の夫は一美といいます。しゅうとめと話す時や、夫を呼ぶ時は「一美さん」と言います。他人のつれ合いのことを話す場合、名前を知っている時は名前を、名前を知らなければ丸岡秀子先生が提言しているように「あなたの夫さん」でもいいではありませんか。

わたし自身、名前を呼ぶのには最初は抵抗があったくらいですから難しいことだとは思いますが、そのわたしも夫のことを「主人」などとは言えませんでした。

その夫は、私がヨーロッパ旅行に行くことで家を小半月空けることを躊躇していたとき、背中を押してくれました。相手を尊重できる、パートナーとはそういう相手だと思います。

（『久妙寺に生きて』）

――「つくし会」を一九五八年に結成されました。長続きする秘訣はなんですか。

つくし会は子供の「しつけ」について考える集まりでした。小学校の先生たちの呼びかけで始まったものですが、現在でも名前をひまわり会と変えて続いています。

うちらのグループには「偉いひといないけん」と言っているんです。それが大切です。

――つくし会でプールを作ったり、上水道を通したりする運動を起こされました。

そうですね。プールを作った時には、一人や二人反対する人もありましたが、女性たちの声にみんな賛成するようになりました。

女性が頑張ると、男性も協力的になって、そういう関係がみんなを豊かにしていくのよね。だからこの辺には裕福で立派な家が多いでしょ。貧乏している家がないのよね。うちの家が一番小さいかもね。

――明治生まれのお姑さんと戦後生まれのお嫁さんに挟まれた、いわゆるサンドイッチ世代として、今の嫁姑の関係についてどんなことを感じていますか。

私たちの世代は、お嫁さんの世代に対して、だんだんよくならねば、もっと開けた考え方を持たねばと思いました。お姑さんの世代のありようを見て、自分だったらこうしたいとか、問題意識が芽生えたということです。

――「嫁姑がどうのこうのなんて言っている場合じゃない、政治や農政にものを言いましょう」と発言されてもおられました。

そこが嫁たちのはけ口になってしまってはいけない、世の中、そうしないと進んでいかないと思ったのです。そんなことばかりに精を出していたら、百姓の母ちゃんばかりとり残されていってしまうから。

――現在、永井さんの目からみて、女性の権利は向上したと思われますか。

ずいぶん権利も獲得されてきているのではないかと思います。ただ、財産権を認めてもらうのは今でも大変ですね。

――子供の時から書くことが好きだったのですか。

今でもお名前を覚えていますが、小学校時代に受け持ちだった志賀先生、高等科一年の時の受け持ちだった黒川先生が、熱心に作文の指導をしてくださったからだと思っています。あのときのことがあるから、今でもテレビを見ながらメモをするのが癖になりました。新聞などは切り抜き魔です。

結婚して、世渡り（家計・経営等を先代から譲られること）を受けてからも、ずっと、その日にあったことや作業内容を書きとめていました。管理という意味もありましたが、発散という意味もありましたね。

――今は、どんなことを書かれるのですか。

色々な募集に応えて書いています。市の文化協会の機関誌への執筆依頼などに応じています。終

ています。

身内のことも書かないようにしています。日記は農業経営を移譲された昭和三十七年から書き続け

戦記念日とか九条のこととか、それこそいろいろ書きたくなりますが、自分のことは書かないし、

――世の中は兼業化へ進んでいた時代に、永井さんのお宅では、あえて専業を選択されました。その理由はなんですか。

帳簿をつけていて、専業の方がいいのではないかと、そう気がついたのです。やってみたら、できたのです。むしろ、連れ合いの百姓の技術も高かったのだと思います。初めて菊の花栽培に乗り出しても、うまくいきましたし。

――女の階段はもう五十年です。『日本農業新聞』は九十年、戦後七十年を経て農家女性の変化などに対してどうみていらっしゃいますか?

世の中が変化して、確かに女の人の地位は高くなっていますね。若い人には、これは当たり前だと思うでしょうね。かつて、女の人の地位が低かった頃の事は忘れられているでしょうね。

農村でも男女平等は当たり前でなければなりません。

戦時中は、「かかる国に生まれありて、ほめよ讃えよ御代の栄」なんていう言葉があったんです。よくこんな言葉が思いつくわと思うんです。連れ合いは海軍の特攻隊にいて、もう少し戦争が続けば生きていませんでした。私が「恐ろしかったろう」と聞いたら、夫は、「その時はなにも恐ろしいとは思わなんだ」と言っていました。そういう教育をされたんやね。そういう時代には戻らないように、そう思います。

私にとっての戦争

私たちの世代は、あまりにも悲しい。男も女も戦争戦争で、まったく灰色の青春時代。私の想っていた、あの人も、この人も、みんな戦死してしまった。昭和二十年八月十五日敗戦。私は心底ホッとしました。

（永井民枝『農婦』八七頁より抜粋）

――永井さんからみて、最近の女の階段の記事を見てどのような感想をお持ちですか。

投稿する人がずいぶん少なくなりましたね。昔は毎日投稿が載っていたんです。じゃあ、私が書けって？　それは、わたしのように昔のおなじみの顔がまたへんな事言ったらいかんわと思って躊躇するんです。

――「いよじ」グループの皆さんは、最近お集まりになっていますか。

集まりますよ。回覧ノートも回っていますよ。私はね、回覧ノートが来たらその日のうちに書いて、あくる日には出すんです。自分の気持ちが新鮮なうちに書いて、次に待っている人のために、留め置かないように。

――新潟の佐藤幸子さんも同じ事を言っておられましたが。

そう、佐藤さんは一番最初から親しくしてくださってるの。芥川さん（福島の芥川恵子さん）は同い年ですけど、あの方の方が若々しいでしょう。私は九十歳の声をきいたとたんに髪が白に変わり、急に歳をとりました。ずいぶん衰えを感じます。

（永井民枝さんは二〇二三年十二月二十六日、満九十七歳でその生涯を閉じられました。）

インタビュー

塚越アサさん

言いたいことを言えるようになった時代

塚越アサさんは取材当時九十三歳、群馬県太田市で、高齢者福祉施設で暮らしている。酪農業は、長男が急逝したのち、次男が後を継いだ。（「女の階段」読者のみなさんには「アサ子さん」として知られている塚越さんですが、本名は「アサ」さんとおっしゃいます。）

塚越アサさん、姪の小林サキ子さんと。週に一度は必ず大好きなお寿司屋さんに出かける。

――塚越家は大きな地主でしたね。アサさんの世代は、農地解放を経験された貴重な世代です。

夫の父（舅）は、当時校長をつとめていました。その義父に見初められたのが夫との出会いです。当時、夫は会社員として製図に関わっていました。結婚した当初、家には義父母と夫の弟妹がいました。あの時代にあって、大学まで進学が可能だったのは地主で経済的に余裕があったからでしょうが、皆大学出で、自分の手で農業をするような人はいませんでした。

ですから、農地解放で小作農が独立して自作農地だけしか認められなくなった時は、本当に大変でした。私を除いて、皆、農作業をやったことのない人ばかりでした。しかも、うちは本家ですから、農地解放で多くの土地を分配した後に残った二ヘクタールを使ってやっとの思いで作ったコメも、分家である夫の兄弟姉妹や親類縁者にそのほとんどを分けてやるわけです。私たち一家は、そのあとに残るわずかなコメをおかゆにしてすすりながら生き延びました。

当時、本家から米を分けてもらうのは当たり前でしたが、何しろ都会ではヤミ米に途方もなく高い値段がつく時代でした。都会から米を取りに来た夫の兄弟が「多い少ない」で喧嘩を始めると、義父は「貰ったもので喧嘩するな」と怒ったものです。

義父母は、およそ農業などしたこともない人でしたが、その義父母が赤ん坊をおんぶして田んぼまで来てお乳を飲ませに連れて来てくれました。二ヘクタールの土地はかろうじて残ったものの、親族一同の分まで米を作らなければならないので、土地はもう少し必要でした。

義父は、解放時に農地を分配した元の小作の家を回って、食べていくためにもう少し土地を残して欲しいと頼みに回りました。

その時、「それは違法行為だ」という人もいましたし、一方では「校長まで務めた人が嫁の赤ん坊を背負って乳を飲ませに行く、元の小作人に頭を下げて回っているのだから、そんなことをいう

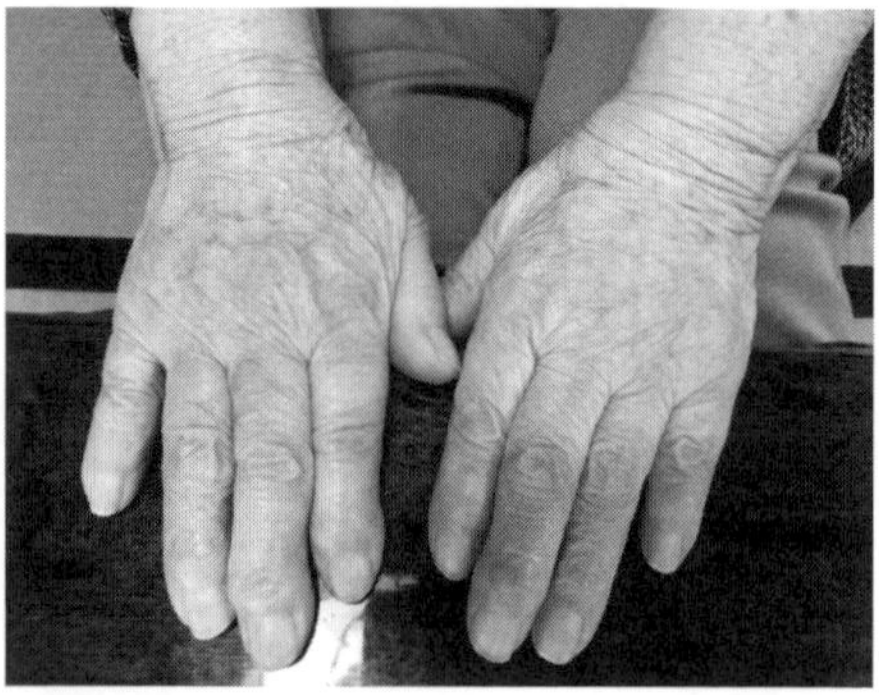

塚越アサさんの手

ものではない」と言ってくれる人もいました。

農業を続けるための農地を農地解放でやっとの思いで手に入れた元の小作農の人たちが、次々と土地を売り、住宅地に転用していくのを見て悲しい思いがしました。


それでも私は、農地改革は当然だと思っていました。


私は、生活することは本当に大変なことだということを知っています。それまで、わずかな数の地主が自らは働かず何万人もの小作を絞り上げてきたのです。あちこちで争議はあったものの、小作農を解放することは国策でしかできなかったでしょう。農地解放は確実に一大改革でした。もし、これを国策で行わなければ、地主は決して土地を手放さず暴動が起きていたはずです。

「本間様の蔵が開いたら米の価格が下がった」という話もあったくらいです。どれだけ多くの米が地主のもとに集まってきたか、わかるでしょう。私は、俵を持ってきた小作の子どもたちが、地主の家の前に積まれた米俵の山の前で遊んでいる風景をずっと見て来ました。年寄りの中にも字が読めない人たちがたくさんいたのですよ。

一方で、貧しくて食べ物もろくに手に入らない小作の子どもたちがいるのに、義父母はどうであれ、先祖代々、地主は左うちわで子どもたちを大学まで出すことができたのです。ですから、自分たちから搾り取ることで豊かな暮らしを続けて来た地主一家に小作農の人たちが抱いて来た気持ちも理解できます。農地解放で散々搾り取られて来た小作人が、今やっと土地を手に入れたのです。これは間違いなく良いことだったのです。義父もずっとそう言ってきました。

——アサさんはＮＨＫ「明るい農村」の「村の記録　嫁の座をつづる——群馬県太田市」（一九七九年放映）で、嫁としてのご苦労について語っておられましたね。

当時は、ふすま一枚向こうに義父母が寝ており、夫婦のプライバシーもなく、「水」と言われれば夜中でも起きて姑に水を持っていく、それが嫁の仕事でした。

財布は義父母が握っていたので、子どもの学用品を買うこともできませんでした。

それに、義母がどこかのお宅でお昼を食べて帰ってきて「昼はいらないよ」と言ったら、嫁は食べられませんでした。お腹が空いた嫁たちが、庭の柿を食べてお腹を下《くだ》したりすることもあったくらいです。義父や夫は「お母さんは外で食べてくるからお腹が空いてなかったとしても、そんな時にいらないよと言われると嫁は食べられないんだから、お母さんはお腹いっぱいでも少しでもいいから食べると言わなければダメだ」と義母に言ってくれました。私のことを考えてくれる夫でも、それくらい言うのが精一杯でした。

くたびれて、くたびれて、眠くて、眠くて、見られないだろうと思って畑の中で横になっていたこともあります。そんな時に限って義父が見回りをしていて声をかけられることもしばしばでした（笑）。とはいえ、舅はやさしい人で、私は舅にしかられたことはありませんでした。

結局、舅や姑がどうかということより、自分自身が「嫁」としてどう振る舞うべきかを考えていたのだと思います。いわゆる「嫁さんコンクール」のランクが気になる毎日だったのでしょうね。

小林サキ子（姪）　叔母は常に相手のことを思いやる人で、叔母から愚痴も他人の悪口も一切聞いたことはありません。それでも昔のことを深く尋ねると、叔母はいくつかのエピソードを話してくれました。

ある時、親戚が訪ねて来たそうです。皆の前では何も言わず、帰る時に叔母に熊谷まで送っていけといったそうです。そうして熊谷で別れる時、姑に対する口の利き方に気をつけるようにと言って帰っていったそうです。姑の気に障った言葉がどのやりとりだったのかはわからなかったけれど、姑から話を聞いた親戚が、この一言を嫁に伝えるためだけに、わざわざ東京から太田までやって来たのだ……。そう気がついて、叔母は啞然としたそうです。

姑が絶対の時代、自ら抑制し

義母は厳しい人でした。義母は師範を出た人で、村の中でこの家がどう見られているかをよくわかっていました。私が嫁に来た時、村で尊敬を集めるこの家にあって、「ぶるな（偉ぶるな）、らしくせよ」が家訓であると義母から教えられました。ここには、嫁たるもの少しばかりものを知っていても偉そうにするのではないという意味も込められていました。

嫁には、義父母に絶対的に従う以外の道はありませんでした。自分からみて不合理なことだと思ったら、親子の縁を切るという「切り札」を持っているのは姑です。当時、乳飲み子を置いて友人の結婚式に出たいと言ったら「その乳飲み子は誰が見るんだい？」と聞かれてあきらめた、そういう人もいたくらいです。こちらから何かお願いしようとしても、姑とのやりとりのことを考えたら、やめてしまいます。子どものものも自分のものも、買うためのお金は姑からもらう小遣いがそのすべてでした。

――嫁姑問題は何も家族のなかだけで完結するものではないのですね。ある「昔お嫁さんだった方」から、どこの村にも鬼婆が三人は居るものだ、と伺いました。

「鬼婆」、ああ、あれは「近所姑」というものですね。

私の村にもこういう人がいました。ある時、田んぼで待っている人がいたので全速力で自転車を漕ぎながら「こんにちは！」と行って通り過ぎました。そうすると、「あの嫁は来たばかりなのに、自転車も降りずに挨拶した」「こんにちはって言って、そのまま通った」と非難されました。そんなことを言っていたよと教えてくれる人もいましたが、その人にしても、教えてくれるだけで助けてはくれません。そうしたら、また、別の近所の人が「アサさんが来たらとっちめてやるって待っていたよ」と教えてくれたりもするわけです。でも、私はあまり気にしませんでした。

ある時、リヤカーを引いていたら、そのおばあさんが路肩にいたので、「近くだから乗って行ってください」と声をかけました。そのおばあさんはリヤカーに乗ると、「まったく、百姓したこともないのに、よくやるね……偉いね」とボソッと言うのです。ころっと態度が変わる、そういうところも人間の人間らしいところですよね。

鬼婆と言われる近所姑もまた苦労してきた女性たち、そのことがわかるから……。

――アサさんはどうしてそのように考えられるのでしょうか。その強さはどこから？

私が強いわけではなく、ただ、歴史を知っているから、その人と同じように、私も戦争を経験しているからわかる、その人のことがわかる……そういうことでしょうか。
その人は息子を二人も戦死させているのです。あれだけ悲しい思いをして苦労して生きて来たのだから、その人も大変だったのだと思います。世の中にはいろんな人がいますが、みんな同じ人間なのです。だから、私も、息子を失ったその人の行動が理解できます。あの時代、男はみんな軍隊に行っていて女だけで出産したんですから。その人も強くなければ生きていけなかったのです。

――厳しい嫁の生活、でも塚越家では、本を読むことや書くことは禁じられなかったのですね。

本を読むことが大好きで、四人の姉たちのうち二人が師範を出て教師をしていたので、おおかたの書物は姉たちから借りて読んでいました。
また、義父母とも教師だったので、家の中にも本がありました。本を読むことを戒められるなどということはありませんでした。地域でも塚越家は「先生んち（先生の家《うち》）」と呼ばれていたくらいでしたので、塚越家の若嫁が本を読んでいても、世間から特に何かを言われることもありませんでした。それでも、自由な時間が圧倒的に少なくて、じっくり本を読む時間はみんなが起きてくる前の一時間程度しかありませんでしたけれど。

「とんち教室」に投稿して賞金を得る

数少ない楽しみは、ラジオで放送されていたNHKの「とんち教室」を、夜に家族みんなでコタツに入って聞くことでした。ある時、都々逸「つみ草」と題して「罪な人だよ、見るだけ見せてくれもしないでさようなら」という句を作って投書しました。これが三人のうちの一人として採用され、賞金をもらいました。

賞金も嬉しかったのですが、なにしろ全国放送だったので、近所の人たちはもちろん北海道にいた夫の友人からも連絡がくるなどの反響もあって、なによりそれがうれしかったですね。ヤクルトや農業共済の募集にも投稿して採用されました。少しでも自分のお金が手に入ることも喜びでした。

こうして、暮らしと労働からうみだされる歌をずっと句会「ケノクニ」で披露していました。


小林サキ子（姪）　叔母は、自分がとても大変な暮らしをしているのに、私の母と私たちのことをいつも気にかけて援助をしてくれていました。


私は、炭の販売を手がける商家に生まれ、姉妹五人の末っ子として育ちました。実家の商売もその頃は手広くやっていたし、商家らしく、慎ましい中にも暮らしに困ることはありませんでした。だから全員に教育を受けさせることができる環境にありました。末っ子だった私は、四人の姉からも、父母からも、その愛情を一身に受けて育ちました。

両親は戦時中に他界し、長女が実家を継いでくれましたが、長女には子供が四人いて、その暮らし向きは決して豊かとはいえませんでした。そんな状況でしたから、私は実家に頼ることができなかったばかりか、むしろ、私は、姉が継いだ実家の暮らし向きがいつも気にかかっていました。

そうはいっても自由になるお金があったわけではありません。ですから、投稿で得た賞金などをこつこつ貯め、義父母に内緒でバナナを買って、これに夫の兄弟に配って袋の中に残ったコメも少しずつよけてためておいたものを物置に隠しておきました。そして、一時間に一本しか走っていない電車に乗って実家にこれを届けては、とんぼ返りで帰りました。

二人目の姉の義母の介護が必要になった時も、夫婦で教員だった姉に仕事を辞めさせたくない一心で、太田から伊勢崎まで電車で通いながら姉夫婦の義母の世話をしていました。

夫のこと、息子のこと

――息子さんが同居しようとおっしゃったのをお断りになったそうですね。


私が六十五歳のときに十歳上の夫が他界しました。とても優しい夫で、脳梗塞で体の自由がきかなくなってからも、畑から帰ってくると私の布団を敷いてくれていました。

夫と私は苦労を重ねて農地を開き、酪農は長男と次男に引き継がれました。息子たちは獣医の資格を持ち、赤城山南面で酪農を始めました。長男が他界し、今は次男が大黒柱となって仕事を続けています。ただ、数年後を目処《めど》にその牧場も閉めることになっています。夫が息子たちのために土地を購入し、息子たちがその土地で酪農を始め、赤城の塚越牧場を広く知らしめるところまでよく頑張ってきたと思います。

息子夫婦は同居しないかと言ってくれましたが、別居が一番です。私はかねがねそう言ってきましたし、息子たちの提案も断りました。嫁も息子も施設に訪ねてきてくれます。こうして姪もいつも訪ねてきてくれます。それで十分です。

今の農政について

この年になって、言うべきことはありません。もちろん、批判したいことはあるけれど、どうにもなるものでもないし……。ただ、今でもニュースを見るし新聞もとって読んでいます。政治にも関心はあるし、毎日、日記もつけています。

ただ、戦争を経験してきた私から言わせてもらえば、今の時代、なにより言いたいことが言えるようになったのです。それはとてもいいことだと思います。私たちは言いたいことも言えなかった時代を生きてきたのですから。

インタビューを終えて

アサさんが大好きなお寿司屋さんでお話を伺った。アサさんは一人前のお寿司を、生姜ひとひら、米粒一つ残さず綺麗に食された。この店の名物という素揚げのアジの頭も骨も残さなかった。

数年前に足腰が弱って一人で暮らすのは無理と判断し、施設で暮らすことになったアサさんは、近くに住む姪御さんや息子さん夫婦とともに毎週一度寿司屋で昼を食べることを何より楽しみにしている。

農地改革の嵐の中で、夫とともに初めての農業に挑戦し、農地を徐々に広げ、牛を飼い、子どもを育て上げて来たアサさんには、それまで外食を楽しむ余裕などなかった。自分のことはいつも後回しだった母親の姿を見て育った息子さんたちは、アサさんが寿司屋の「常連」になったその姿を見てホッとしたという。

「母が寿司屋の上得意になってカウンターで寿司を食べている姿は、今までの母の暮らしからは想像できなかった。これまで何の贅沢もせずに生きて来た母だ。父母が苦労して作り上げてきたものなのだから、すべては母のものだ。それを使って好きなだけ好きなものを食べさせてあげて欲しい」と、息子さんは姪御さんに常日頃話しているという。

戦争はこりごり……十代、二十代の一番楽しいはずだった時期を戦争の中で過ごしたアサさんはそう話した。

塚越アサさんの自宅（上）
アサさんの家に残る改善された台所（下）

インタビューのあと、あのＮＨＫのドキュメンタリー番組でアサさんが「女の階段」回覧ノートの仲間たちと談笑していた大きな母屋を訪ねた。アサさんが新生活運動の折に改造した台所は今や貴重な歴史資料である。土壁を壊し、窓をつけたときに差し込んだ明かりにアサさんはどんな目を向けたのだろう。多くの農具が今もそのままに置かれている納屋や朝の一時間を使って読書に没頭した、今は崩れかけた小屋のそこここに、手ぬぐいで髪を押さえた四十代のアサさんの忙しく走り回る姿を思い浮かべた。

アサさんが生き抜いてきた「嫁の座」の壮絶な経験を、そして「一生ただ働きで相続の権利さえない実態」（丸岡秀子編『女のいい分』日本経済評論社、一九八一年、七二頁）を、アサさんは様々な機会を捉えて次の世代に伝えようと頑張ってきた。二〇二〇年代を迎えてもなお、家事負担割合は専業主婦で八四％、共働きでも七七％と、女性に著しく偏っている（総務省「社会生活基本調査」二〇二一年）。

アサさんは、次の世代がアサさんたちの世代の経験を「過去のこと」と一蹴しようとすることに対して、「嫁差別」「女性差別」が「本当に過ぎ去ったことなのか？」と疑問を投げかけている。

その声を聞いて慌てて周りを見回すと、今の時代も同じく片手で赤ん坊を抱いて片手に重い荷物を持って駅に走っていく母親や、はした金《がね》の養育費で二人の子供を抱え、非正規の仕事を二つも三つも掛け持ちする母子家庭の母親の姿が見える。「私たちの世代が体験してきたことは本当に過ぎ去ったことなのか？」アサさんの警告を、アサさんが「若い嫁」に対して、かつて送ったエールとともに受け止めたい。

痛いほどよく分かる「嫁の苦労」（「農休日」に関する若嫁からの投稿に応えて）

塚越アサ子

「農休日」に対する皆様の数々のごいけんや気持ちを紙上で拝見して「すばらしいなー」と喜んだり、「ほんとうにあなたの気持ちよくわかりますよ」と抱きしめてあげたいような……。

どんなに疲れていても家長の作業計画でショボショボと足どり重く、田畑に出て行った嫁のかなしみは痛いほどよくわかります。おこづかいをいただいたら万年筆を買いたい、と小学生のように楽しみに待っていたけれど、子等の下着やズックにばけてしまって、相変わらず先の割れたペンでたどたどしく書いた十年前の日記帳を開くと

「いつの日か心の丈夫くまなくも出して真直ぐに生きる日の来る」

「しまい湯に落つる涙を拭い得ずこの家に一人の味方も無しと」などという歌の抜き書きが目にしみて、ただ希望に満ちて生きてきたつもりの自分に、このような感情の起伏があったのかと、なつかしく思われ、若いお嫁さんへ同情がわきます。人間であってみれば、そしてたくさんの家族が共同生活を送っていれば、全部が満足というわけにはとてもいかないと思いますが、各人の努力と思いやりで公平な生活設計を家族みんなで打ちたてていきたいと願うものです。福沢諭吉先生の教えの中に、世の中で一番楽しく立派なことは「一生涯を貫く仕事を持つことであり、一番みにくいことは他人の生活をうらやむこと、そして一番さびしいことは仕事のないことだ」――を四十代になって少しわかってまいりました。若いお嫁さん方どうぞ元気でがんばってください。

（「女の階段」投稿、『日本農業新聞』一九七〇年八月二十日付）

（塚越アサさんは、二〇一八年五月十九日、ご家族に見守られながら満九十三歳で生涯を閉じられました）

インタビュー

芥川恵子さん

「女の階段」にはげまされて

芥川恵子さん（九十二歳）は、福島県会津市在住。かつては専業農家、七十五歳のとき長男が他界。現在、長男の妻（保育士）、孫と同居している。毎日のようにバイクで風を切り、おおらかな笑い声とその行動力で愛読者の会を引っ張ってきた芥川さん。芥川さんは「女の階段」に励まされたというが、「女の階段」の読者もまた、力強い芥川さんの存在に励まされてきたに違いない。

年に一回は十日間ほど横浜に住む娘のところに滞在します。どんなに仲が良くても、「嫁にとっては姑がいないにこしたことはない」って、昔からよく言うじゃないですか（笑）。お嫁さんには息抜きが必要です。

――ずっと専業でやってこられたのですね。

かつては五〇メートルのビニールハウスを七棟も管理していました。我が家の農地は元々一町二反ほどでしたが、農地解放の際に安く三反ほど譲り受けてその農地を拡大したのです。さらに、息子が就農する時には九反六畝を買い取り、農地を拡大しました。

あの強制供出の時も、うちからは四〇〇俵を出していたんですよ。税率が高かった時代も、それをきっちり支払っていたものだから、国民年金の負担が高くて……。
今も、野菜を収穫した時には、お嫁さんに手伝ってもらってバイクで届けます。収穫はいつでもいいものです。できたものを嬉しくて人にあげちゃう。みんなからは「あんたはよく人に配っているな」といわれますけど、ひとにあげて喜んでもらえるのが嬉しいんですよね。

――「女の階段」への投稿のきっかけは？

投稿を始めたのは、『毎日新聞』の「女の気持ち」欄が最初です。私の父が農協の理事で一九七〇年から『日本農業新聞』を読んでいたので、ここに嫁いでも引き続き読ませてもらいました。それが縁ですね。夫に許可を得て投稿していました。
最初に「女の階段」に投稿した時に、鈴木喜久江さんからお誘いがありました。一九七一年、福島県の回覧ノートを作って「しゃくなげ」（芥川さん命名）と名付けました。印刷と発行については福島農協中央会から援助してもらって、第一回目の交流会を一九七四年一月に郡山市の会館で開催しました。

――お嫁さんだった頃のお話を

私の実家はここからバイクで五分のところでしたが、結婚前に夫と会ったことはありませんでした。永井さん（愛媛）のところもそうですが、うちでも姑さんから意地悪されたことはありません。ただ、小姑（恵子さんと同い年の義妹も）がいっぱいいて、悩んだことは確かにありました。それで拝み屋さんに相談に行ったら「赤ちゃんを置いていけるなら出ていけ」と言われました。そんなことを考えたら出て行けませんでした。

——それがすげ笠ですね？　新聞でも拝見しました。

会津独特の農作業の姿なんだけど、今ではこれをかぶる人いなくなってしまったわね。

ホームセンターでビニール製の帽子を買う人が多いのよね。

農作業の副業としてすげ笠の作成、すげ笠の産地である耶麻郡から来た姑さんから教えてもらいました。ひと冬に二〇〇から四〇〇ぐらい作成していました。今も、農作業用としてなくてはならないという人のために作っています。半日で一個の割合、ひと針ひと針、木綿糸で縫っていきます。一個二〇〇円で行商人に売っていました。昭和三十五年（一九六〇年）当時、土方仕事の一日の給金が二〇〇円だったと思います。姑とふたりで一日四個は縫いあげました。

姑さんは一日中笠縫《かさぬい》、その間、舅はご飯の支度をしたり、おかず作りをしてくれました。一家総出で仕事をこなしました。だから、投稿文など、ものを書く時に何か言われたことはありませんでした。それでも投稿する時には夫に許可をとりました。

——亡くなられたご長男は、後継者として、とても頑張っておられたのですね。

息子は青年農業士、改良推進員、農青連、冬はスキーの指導員と、本当に忙しい毎日を送ってい

「こうやって、日焼け防止の手ぬぐいをしてかぶるの。風除けも付いているでしょ」。

ました。減反のときも転作として作り始めたアスパラ生産で苦労を重ねながら優秀賞もとりました。子供の時から田植えや稲刈りなど、よく手伝ってくれました。自分は農業一筋でやっていくと言ってくれていました。

まだ四十五歳で、四十一歳の妻と四人の子ども、そして親の私を残して七カ月間の闘病の末に逝ってしまいました。孫たちはみな大学を出て働いています。今、我が家にはお母さん（お嫁さん）、孫と三人です。ハウスも処分してお米も委託しました。

――「女の階段」の仲間との交流が力になりました。

夫のときも息子のときも随分励ましてもらいました。

永井さん、あの方、すごい方でしょ。私は愛媛の永井さんとは誕生日が一緒、大正十五年一月十二日生まれです。頑張らねばね。新潟の佐藤幸子さん、宮城の菊池典子さんをはじめ、皆さんとの交流が続いています。「女の階段」を通じて全国の仲間と手紙やファックスで交流しています。みんな頑張っているのですから、私も息子の分まで頑張らなければと思っています。

第二章　公害と農薬被害の時代

一　公害による環境破壊と暮らしの破壊

1　奪われる生命と健康

一九六一年、三重県四日市市で、石油コンビナートによる大気汚染が「四日市ぜんそく」をひきおこしていた。こどもたちがぜんそくの発作に苦しみ、薬代がかさんでどうしようもない。中には、家を売り大気汚染のない地域に引っ越す家族もでてきたほどであった。「公害疎開」なる言葉が生み出された。一九六四年には、新潟県の阿賀野川流域で昭和電工が排出したメチル水銀によって新潟水俣病（第二水俣病）が発生した。

東京でも、大気汚染と騒音被害が深刻度を増していた。東京タワーにはスモッグを観測する計器が据え付けられ、公害がひどい地域の公務員住宅では家賃が値下げされた。東京、京阪神地域ではスモッグのために飛行機が欠航し、鉄道でもダイヤが乱れるなど交通がマヒするほどの事態を生じさせていた。

一九六六年に江東区で朝日新聞が調査した結果は衝撃的なものであった。江東区の小学生のうち鼻や喉に異常のある児童の割合が九割にのぼったのである。[*1] また、一九七〇年七月、東京都杉並区の高校の校庭で高校生四十数人が倒れ病院に運ばれた。のちにこれが光化学スモッグによるものとわかり、以後、「光化学スモッグ注意報」が出されるようになった。注意報が発令されると、生徒たちは慌てて校庭での遊びをやめ、一斉に校舎のなかに走り込んだ。

静岡県富士見市の田子の浦では、付近に立ち並ぶ製紙工場が未処理の水を海洋にたれ流し、それがヘドロを発生させた。連日の報道で、悪臭を放つドロドロとした塊が海辺を移動していく様子や、体の一部が溶けた魚の映像が見るものを震撼させた。

2　汚染される農地

一九五〇年代、富山県婦中町で発生が確認されたイタイイタイ病、熊本県の水俣で水俣湾にチッソが垂れ流したメチル水銀による水俣病の発生が確認されたが、企業も厚生省もこれを認めないまま被害者を増やし続けていった。イタイイタイ病を引き起こしたカドミウムは田んぼを汚染した。富山黒部産の米にカドミウム汚染が確認されたことから農林省がカドミウム米の出荷停止を宣言した。さらに、七四年には富山県とカドミウム残留の分析を行った財団法人「日本分析化学研究所」が分析データを捏造していたことが明らかになり、[*2] このことが事態をさらに悪化させた。市場では米ばかりでなく野菜までが汚染されていると言われ、黒部産ばかりでなく富山県産の野菜や果物全体が買い叩かれることもあった。[*3]

農民は、カドミウムが検出された田んぼの、まだ青々とした稲を刈り、廃棄させられた。自分たちが知らないところで土壌を汚染したカドミウムは、目に見えないが、土の中・水の中に存在している。その土と水を使わずに農業は成り立たない。それだけではない。すべての食べ物をカドミウムで汚染された土地で作り、食べてきた自分たちは誰よりも多くのカドミウムを摂取しているかもしれないのだ。食べるために作るという農の基本が否定される無念さと理不尽さ、悔しさは、金銭的補償で埋め合わせられるものではなかった。この怒りをどこにぶつければいいのか？　投稿にはこうした尽きない怒りが充満している。

農民を無視した公害対策

益田一江　五十歳（静岡県駿東郡）

田植えも終わり、スクスクと伸びた稲を耕うん機がウナリをあげて刈り取っていく異様な画面の風景につばをのみ、見つめました。カドミウム汚染指定を受けた富山県黒部市の精錬所周辺の田んぼでした。一生懸命汗を流して植えた稲、毎日見回るたびに緑を増し、根株もしっかりと成長していく稲に秋の実りを祈り、わが子を育てるように、いつくしみ、はげむ稲作り、農家の者でなければわからない気持ち、その緑の稲を刈り取らせるとはどんな事情があるにせよあまりにも非情です。

これではまったく農民を無視した農民不在の政治だといわねばならないでしょう。いかに富山米の信用回復のためといっても……。ならば、なぜ事前に手段を講じなかったのでしょう。カドミウムの害は早くから懸念されていたはずです。また、コンクリートの畔一つへだてた田んぼは、汚染田でないとそのまま残されています。ここからはきれいな米だと、お役人が机の上で線を引いても、果たして安全かどうかわからないと、その農家の人のことば通りだと思います。

せっかく苦心して米を収穫しても、その米が汚染米だったらどうするつもりなのでしょう。群馬県安中市でも同じように、昨年の春からカドミウム汚染公害の町として問題視され、精錬所周辺の田んぼの米に安全基準を上まわるカドミウムが含まれているとして、保有米はそのままに別の米を買って食べているといいます。米だけでなく麦も野菜も牛乳まで、汚染されているとしたら土地の人たちは、一体どのように暮らせば良いのでしょう。私たちは決して人事だとは思えません。

厚生省は、農民を一体どんなふうに考えているのでしょうか。企業だけを保護して農民の苦痛を長い間目をつむっていた国の政治に、私たちは同じ農民として強い憤りを感じます。

戦争中極度の食料不足の折り、国をささえた者は一致団結生産にはげんだ農民です。総理大臣佐藤栄作様、公平な立場で真の農民の声を聞いてください。

田植せし稲ぬき取りて捨つる人
カドミウム害　吾も抗議す

（「女の階段」投稿、『日本農業新聞』一九七〇年八月三日付）

3　巨大企業対市民

高度経済成長期は、すべての産業分野で、そして生活の場で生産性向上を目標に掲げられ、経済的価値の生産のためにすべてをつぎ込む生産体制が取られた。巨大なプラント建設が日本の至る所で進められ、その結果、それまで農業が作り出してきた水や大気、土地といった自然資源を大量に消費し、再生不可能なまでに破壊した。

水俣病を引き起こした新日本窒素、新潟水俣病を引き起こした昭和電工、富山イタイイタイ病を引き起こした三井金属鉱業神岡鉱業所、四日市喘息や各地の大気汚染を引き起こした石油コンビナートをはじめとする工業地帯の大企業は、いずれも「近代型」農業を支える化学肥料をはじめとする石油化学製品、パルプ、鉄鋼などを生産する巨大企業であった。

「公害防止のための投資は、直接生産能力の増加につながらず、コスト増の要因になる。このため現在時点においては、法的規制の進行に見合う程度、言い換えれば、できることなら公害防止に対する投資をおさえてコスト増を防ぎたいというのが、産業界の実情であると思われる」。これは、野村證券発行の業界雑誌『財界観測』に一九七〇年当時に掲載された記事である。[*4]

規模の大小に関わらず、企業は常に競争に身を置いている。企業はどんどん生産規模を拡大し、他のどの企業よりも利益を大きくしていくこと、つまり利益の極大化を目指すものなのである。すべての投資は生産につぎ込むこと、そして、利益につながらない投資はしないこと、それが企業間競争の中に置かれる企業にとっての至上命令である。

当時、もし市民が、そして被害者が声をあげなかったら、人が暮らし続けられる条件や安全性、環境保全のことが顧みられることはなかったであろう。会社に一銭の儲けも与えない「公害発生予防装置」や「公害除去装置」のために資本の一部をあてたくはないし、政府も、高度経済成長を牽引してくれる大企業の利益を最優先に考えていた。そうこうしている間に、公害は局所的な問題ではなくなっていった。

公害はもはやどこかの地域で起きているできごとではなくなった。「公害」という名称が定着するに伴い、みな自分の周囲で起きている変化を明確に意識せざるをえなくなっていった。

公害から学童を守りたい

前田和子　三十二歳（愛知県豊橋市）

国道一号線に沿った四〇アールの畑に出かけることは、いやな気持ちです。東西に走り行く車の群はすさまじく、頭と耳をおおいたくなります。スピード制限規定が守られないこともしばしば。畑中でみている私たちでさえハラハラするありさまです。

この走り行く車を見ながら、私の頭をふとかすめたものは、昨夜、二女が学校から持ち帰った、県下の学校と家庭を結ぶ雑誌『子と共に』九月号特集・学校をねらう魔の手、教育と公害についての記事でした。近ごろ、どこでも公害で頭の痛くなるような問題だらけです。その中の学校での公害が大きく取り上げられていました。考えも及ばなかった児童たちへの影響の大きさに、私はただあ然とせざるを得ません。

車の騒音や地響きで授業中断、マイクを使ってさえ後方には聞こえない時もしばしばあるそうですし、また、ばい煙、排気ガスによる大気汚染のため、呼吸系の障害を訴える児童の多い学校、空港に近いため、飛行機の騒音と墜落の脅威、等々……

私たちの県ばかりでなく、全国的に起こっている問題だと思います。騒音許容度をはるかに越え、人体への影響がわかっていながらも、防音装置も高額なお金を必要とし、思うにまかせず、また、健康が害されながらも、明るく飛び回る児童とこれを見守る先生、気にしていたら生きていけないという。いかにしてやるべきか、哀れと思っても力の無さがやりきれません。

私たち農業を営む者も、農薬汚染から一日も早く解放されたいけれど、一分一秒たりとも早く、子供たちに曇りなき青空と、さわやかなそよ風の音、きれいな空気の中で、天真らんまんに飛はねさせたい気持ちです。

いったいだれが悪いのだろう、どこかが狂っている大きな社会問題ではないでしょうか。

（「女の階段」特集「子供をとりまく周囲」投稿、『日本農業新聞』一九七一年十月五日付）

二　公害がもたらしたもの

1　公害被害は農漁民、そして弱者へ

公害は、土壌や水を汚染し、農民や漁民らに多大な損害を生じさせた。

「汚染は終局的には地球人類全体の損害へとつながっていくのだが、環境破壊による損失、特に健康障害あるいは死亡には経済的序列がある」*5。まずは農漁民、工業地帯に住む下層労働者に被害が生じる。一方、「公害が深刻であった川崎市南部、富士市、四日市市、尼崎市南部などの工場都市には、汚染源の社長、重役はもとより、工場の管理者とその家族は住んでいない。工場長はほとんど単身赴任をしている。その理由は現地には良い学校や病院もなく、環境が悪いというのである」*6。

すべての事例で、政府は高度経済成長を牽引する企業を擁護する姿勢をとったが、原因の特定を阻み、対策を遅滞させ、その間に被害者をさらに拡大することになった。

また、企業側が「汚染物質を排出していること」を最後まで認めず、厚生省も原因を追及しようとしないことで、被害者が症状を訴え出ても「原因不明の病《やまい》」か「補償金欲しさのうそ」であるとの「風評」が立ち、それが差別を助長することにもつながった。

ましてや、水俣、四日市などの企業城下町と言われる公害発生地域では、原因を作った大企業こそがその地域の雇用を生み出し、町の経済に貢献している企業とみなされていたので、その企業に

たてつく被害者やその支援者たちは、町の経済の破壊者とのレッテルをはられ、同じ地域住民から激しい差別を受けることとなったのであった。

2　運動の広がり

「経済成長が暮らしを豊かにする」それが、当初は公害発生企業に対する責任追及を阻むものであった。しかし、一九六三年から六四年にかけて静岡県の三島・沼津、清水で起こった石油コンビナート誘致反対運動で市民側が勝利すると、全国で公害反対運動が急速な高まりをみせることになる。宮本憲一はこのとき、「地元の国立の研究機関や工業高校の化学者たちが大気や水を調査し、公害の可能性があるとの結果をまとめ」「デモや集会、勉強会が繰り返され、地域の銀行の支店長が反対プラカードを掲げる光景」を見た。[*7] 結局、両市ともが受け入れを拒否、建設計画は中止となった。

全国に広がる公害被害は、マスコミがその実態を逐一報道したこともあり、広く国民的関心を集めるようになった。こうした国民的な関心の高まりを味方に、一九六七年から六九年にかけて、「富山イタイイタイ病」「熊本水俣病」「四日市ぜんそく」「新潟水俣病」の四大公害訴訟が提訴される。この裁判には多くの学者文化人が調査や支援に入り、まさに国民的大運動となったのである。

この運動は経済成長が生活を豊かにするという単純な構図は成り立たないことを暴露し、国民生活をかえりみない政府と企業の癒着ぶりを白日の下に晒した。さらに三島・沼津で取り組まれた環境アセスメントという科学的手法の勝利は、政府が唱えていた安全性が神話にすぎないことを明らかにした。高度経済成長のツケを払わされる国民の不満は高まり、京都、東京、大阪をはじめとして革新自治体を誕生させた。

公害反対運動は学者文化人を含む各階層全体にひろがる大運動となり、政府は運動の高まりを無視することができず、一九六七年「公害対策基本法」を制定した。しかし、この法律には「生活環境の保全については、経済の健全な発展との調和が図られるようにするもの」とする「調和条項」が付されていた。「公害対策はあくまでも企業の生産活動を阻害しない範囲で行う」と宣言したに等しいこの「調和条項」は、結局翌七〇年の「公害国会」と呼ばれた公害問題関連の集中審議の末、法律から削除され、環境関連十四法案が可決された。

経済成長第一主義のもとで国民の命や健康、自然環境をめぐる問題は二の次とされていることに対する国民の怒りが草の根の力となり、政治を動かしたという点で、この経験は戦後民主主義の発露の事例として記録されたのである。*8

三「豊かさ」への疑問

1　経済至上主義に対する正当な告発

高度経済成長期、前述した「生産性向上運動」に労働現場や地域社会、農協も一体となって邁進していくにあたり、土台となった指針は、第一に「経済成長率の上昇」、第二に「社会全体の富が増大すれば自分たちの暮らしもよくなると言う考え方」であった。

第一の「経済成長率の上昇」は、経済理論上は、必ずしも「豊かさ」とはイコールで結びつくものではない。

実は、これまで記してきた公害被害の発生やこれに伴う悲惨極まりない社会的損失でさえ、経済成長率を上昇させる要素となる。高度経済成長の「成長」率を示す指標は、GDP（国民総生産）が前の年よりどれくらい伸びたのか、である。そのGDPは国内で一年間に生産された価値額の総合計なので、兵器であろうがなんであろうが、生産されればそれはGDPを増大させる。中山間地に広がる棚田を切り崩して住宅地を建設すれば、それもGDPを増大させるし、このことでのちに保水機能を失った山に降り注いだ雨が鉄砲水となって住宅地を襲い、犠牲者が出た場合、住宅地の再生も、ケガの治療も、葬式代も、そのすべてがGDPを増大させ、経済成長率を上昇させる。

従って経済成長率の上昇＝豊かさの獲得とは限らない。公害や自然破壊のように、あるいは生命や健康を奪い、地域経済を破綻に追い込もうと、それ自身が経済成長率を上昇させることと計算上は矛盾しないのである。

こうしてみると、経済成長が豊かさにつながると信じることがいかに危険であるかが見えてくる。

第二の考え方は、今でも、よく使われるトリクルダウンの考え方である。トリクルダウンとは、簡単に言えば、コップいっぱいに水を満たすと、それ以上に注ぎ込んだものはコップの縁から滴り落ちてくる。その滴り落ちた水が、コップの下で口を開けて待っている他者を潤す、そんなイメージである。経済成長が成し遂げられれば、自ずと生活がよくなる、だから、労使対立や農民闘争などやめて、だまって政府や雇い主と協力して生産性向上に邁進していれば、そのうちトリクルダウンで自分たちの生活は向上する。これが当時も、そして今も、流布される経済の「括弧つきの（つまり、眉唾ものの）常識」である。*9

農家女性たちは、この問題を的確にとらえて疑問を投げつける。

豊かさの本質を考える

山岡ちよ（栃木県小山市）

私たちの生活は本当に豊かな暮らしなのだろうか。生活は便利になっているが……。豊富な物資、便利さの中の自分たちの生活を改めて振り返ってみるべきだと思う。

今の農村では「水道完備（自家水道）、ガス完備」、マキと〝火吹き竹〟を使い、炊事やお風呂までも、けむい思いをしながらやってきたことが遠い過去で、ウソのように思える。スイッチをひねれば簡単にでき、炊事、洗濯の時間短縮、労働力の軽減とまことに便利さに恵まれている。

子弟教育も今は大学まで進学させる人が多く、各家庭にはピアノかオルガンもあり、おけいごとも多くの子供がしており、都市と少しもおとることがないくらいになった。車は、一家に一台の乗用車の普及。でもこれは、農村では交通機関に代わる足の確保のためなのだが。また農機具も、田植え機、刈り取り機、育苗までも機械化して、作業力の軽減、日数短縮ができ、時間的余裕はできたが、半面、機械代や肥料代を得るため、余裕時間を、現金収入を得るため農外作業に出たり、主婦も働ける人は近所の工場などに出て現金収入に血眼になって、むしろ兼業で労働は増えていると言えよう。昔に比べ、たしかに表面的にはゆたかになっているが、その代償は労働の増加と借金の増加ではなかろうか。豊かな生活は物の便利さとお金の豊かさだけだろうか。農村には農業から得た本当の豊かさを求めるべきではないだろうか。私たちはもう一度見直し、考え直す必要があると思う。

（「女の階段」投稿、『日本農業新聞』一九七四年四月二十九日付）

たしかに、経済成長は、一方では生産性を向上させ、その成果を生活条件の向上に繋げていく。台所からかまどが消えて炊飯器が置かれ、都会に出た子どもたちは親の世代の「嫁舅関係」から一定程度解放された。衛生環境も向上した。出稼ぎで遠く村を離れて働かなければならなかった農民たちは工場の進出で村に帰ってくることができるようになった。

しかし、それは農業が作り出す豊富な水資源や、低廉でいつでも首切りが可能な景気調整弁として機能する農民たちの労働力を利用できる故のことである。

高度成長期の賃金上昇もトリクルダウンによる「自然の力学」で生み出されたものではない。経済成長の過程で生み出された労働力不足による労使関係のバランスの変化がテコの役割を果たし、それが賃上げをもたらしたのである。

しかも、農民や労働者から集めた税金は、高度経済成長期には、特に産業用のインフラ整備に優先的に費やされ、その分、上下水道、生活道路の舗装、そして保育所や診療所など、生活用のインフラ整備が立ち遅れることになった。

四　農薬問題と安全性確保への模索

1　農薬事故におびえる農民

一九六四年、海洋生物学者レイチェル・カーソンの『生と死の妙薬――自然均衡の破壊者　化学薬品』が青樹簗一の邦訳で出版された。この本はのちにより原題に沿うタイトルに直され、『沈黙の春』として一九七四年に再出版される。アメリカでベストセラーとなり、社会現象にもなったこの本は、多くの日本人に衝撃を与えた。カーソンに続いて、有吉佐和子が『複合汚染』を世に出すと、上下巻にわたる長編であるにもかかわらず、こちらもベストセラーになった。有吉は、この本の中で農薬に含まれる化学物質それ自体は単体ではそれほど危険性が高くなくとも、土壌の中や地下水の中で化学物質が混合されることで環境に与える被害は計り知れないものになると警告した。

一九五〇年には約二十億円だった農薬生産額は、一九五五年には一二五億円、一九五六年には約一四〇億円へと急増した。今ではもう使われなくなっているパラチオン剤などの強力な農薬が、この頃、次々と売り出された。このパラチオン剤は、もともと第二次世界大戦中のドイツで、毒ガスの開発中に発見された有機リン剤であった。この強力な薬剤は一九五二年からの一年間で二百数十名の中毒者、六十名以上の死者を出していた。田んぼのあぜ道で遊んでいた子どもが死んだり、散布した畑のものをそのまま食べて中毒を起こした例、家畜や小鳥たちが死んだり、自殺や殺人事件にも使われる例も相次いだ。[*10]

農薬は確かに農業の「合理化」の一翼を担い、三ちゃん農業を支えたが、その利用は、消費者だけではなく、というより、むしろ生産者にこそ多大なリスクを背負わせることとなった。ましてや、当初はこのパラチオン剤のようにかなり強力なものが出回っていたため、農民は日常的に生命の危険にさらされていたのであった。

のちに、パラチオンは使用禁止となったが、それ以降も農薬被害は後を絶たなかった。

「女の階段」愛読者の会記念誌第二集の共通テーマ「農業問題、農薬事故を経験して」には農薬による生々しい事故の様子が掲載されている。よちよち歩きの娘が納屋に隠してあった使用禁止の農薬にふれ、胃洗浄を受け、ことなきを得た例、親戚の子どもが農薬をなめ、仮死状態になった事例など、子どもたちも被害を受けたことが報告された。意識不明になって病院に運ばれる農民たち、体に悪いことがわかっていてもゴム長に全身をおおうカッパ、マスク姿の暑苦しさに耐えられず、これを脱ぎ捨てて中毒になった女性たち、薬剤散布の直後に中毒にかかり急死した若者、常に、生産者である農民たちこそが農薬の最大の犠牲者であった。

恐ろしい農薬中毒を体験して

佐藤みや子　四十七歳（長野県南佐久郡）

過日、この欄で「恐ろしい農薬中毒に気を付けましょう」という記事を読み、果樹園一五〇アールを経営して、十日ごとに農薬散布をしなければならない私は、危険な仕事と自覚し、心を新たにしたのでした。ところがその恐れていたことがついにやって来たのです。

その日は七回目の消毒でした。

朝食の時、夫が「きょうの消毒はボルドー液に硫酸ニコチンが混合されるのだ」という。その時「私はいやだなー」と思ったけれど、「なに、完全防備でやればいい」と思って、炭素入りマスクの中へガーゼを二枚入れ、頭には手ぬぐいを二重におおい、半長グツとゴム手袋、そして麦藁《むぎわら》帽子をつけてはじめたのです。

その日は電話局に勤める長男のつごうもあって午前十時ごろから始め、午後は二時三十分から四時まで、そこで三十分休養をとり、六時ごろまで散布したのです。そして六時ごろから何となくからだがふらつき、頭がぐらぐらして激しい嘔吐《おうと》におそわれ、その場へ倒れてしまいました。

おりよく私の近くに散布していた長男が気づいて、とんで来てくれ、機械を止め、それから主人につれられて病院に入院したのですが、二日間は頭がぐらぐらして上がらず、嘔吐の繰り返しです。それから、すっかりからだをいためてしまって、本当にとんだ目にあい、つくづく農薬の恐ろしさを身をもって体験しました。

私の場合、第一は養蚕の上蔟《じょうぞく》〔カイコが繭を作れるよう、蔟《まぶし》と呼ばれる藁でつくられた器具にカイコを移す作業〕直後で、からだが疲れていたこと、第二には梅雨上がりでものすごく暑かった事で、日射病にもやられたのだと思います。皆さん、農薬散布の前日はよくからだを休ませて、栄養を取り、また、暑い時は長い時間作業しないよう、十分気をつけましょう。幸い六日間で退院し、今は家庭で休養していますが、私の入院中一日に何回も病院にとんできて、自分も疲れているでしょうに、夜遅くまで何くれとなく心配してくれた夫に、心から感謝しているきょうこのごろです。

（「女の階段」投稿、『日本農業新聞』一九七一年八月二日付）

二人で泣いた事故

大平志乃　六十歳（栃木県）

「オイ、あのTさんが此の頃医者通いをしているだろう何とあれも農薬中毒なんだとさ、何でも、かあちゃんに何度も洗濯させるのが可愛想で、前日農薬散布に着た衣類を着て次の日も仕事をしたんで体に農薬がしみ込んだのがもとだとさ」あゝ何という事だろう。洗濯なんて女にとって何でもないことなのに。

（『「女の階段」手記集』第二集、一九七九年、一一九頁）

特に、一九七〇年から本格化した減反は、六〇年代以降の顕著な人手不足、そして農産物の「規格化」と相まって農薬使用を農民に押し付ける結果となった。

農薬を使う罪悪感や抵抗感に苛まれる農家女性たちは、それでも農薬使用を余儀なくされる状況について、次のように書き残している。

私達は作物を作る時、危険を承知で農薬を使い、そして少しでも多くの収穫を得ようと努力する。ほんとうにこれで良いものだろうか。特に痛切に感じる時は、野菜に農薬を散布する時です。生で食べられる野菜には、特に抵抗を感じます（高木まよ子、栃木県）。

農産物が商品として扱われ厳密な規格化があるとなると、必要以上に農薬が使われることになり、私の家でも、肥料代より農薬代金が上回る状態が何年か続きましたが、小型スピードスプレヤーを入れてから、適時適散布が出来る様になって、その回数を今までの三～四割減らす事が出来る様になりました。その結果はどうかと云うと、リンゴの果面が美しくなり、又、一種類の虫が多発することが非常に少なくなったと思います（千野喜和子、長野県）。

出荷市場へ無農薬のキャベツの虫喰いと農薬使用のきれいなものを並べたら消費者も市場もきれいな方へ手を上げましょう。手不足もある上そんな事情で農薬の非情も知り乍《なが》ら農家も使用してしまうのです（芳賀ゆき子、六十歳、千葉県）。

今年の稲作も豊作に終わった。でも私は心の底から喜べない。苗作に始まり、刈取りまで、いったい何回消毒することだろう。……消毒はやりたくないけれど、隣近所で消毒をすれば家でもやらなければ全部ウンカになめられてしまい、収穫など望めない。……米の生産調整が厳しくなればなる程に、一俵でも一粒でも余計に多く取りたいと思うのは私だけではないと思います（板橋一江、栃木県）。

（いずれも『「女の階段」手記集』第二集より抜粋）

2　農薬中毒事故を記録して

後述するように、第二回の「女の階段」全国大会で会員である鈴木セキより農薬表示改善の問題提起がなされた。その際、農薬表示改善を行政と業界に申し入れることに加え、このような農薬被害の状況を詳細に記録することも提起された。この時に、「農薬の被害を記録する運動」を指導したのは佐久総合病院の院長であった若月俊一医師（故人）であった。[*11]

若月によれば、日本農村医学会が一九六六年六月から九月までの四カ月間にわたって農民三九四七名を調査した結果、農薬散布による発症率は男女計で四割強に達しており、少なくとも十回の散布で一回はなんらかの中毒を起こしていたことがわかった。しかも、症状が出ても九割以上の者がそのまま仕事を続けていた。[*12]

五　闘う女性たち――農薬表示改善運動（「女の階段」愛読者の会）

1　農薬表示改善のための行動提起と農林省の回答

「女の階段」愛読者の会第二回大会（一九七七年二月十二―十三日、東京）の席上、栃木県栃木市の鈴木セキ（当時六十四歳）が農薬表示の改善を求める訴えを行った。

農薬表示の改善実る

鈴木セキ　七十三歳（栃木県栃木市）

第二回も東京で、住井すゑ先生を迎えた。この時私は、「下野《しもつけ》グループ」の提案として、「就農年齢が年ごとに高齢化しつつある現在、農薬表示の改善がいかに急務であるか。これには農林水産省という厚い壁を団結の力で打破するよりほかに道はない。なにとぞ土に生きる私たちの一丸となった力、女の階段の名においてこの難関を突破しようではありませんか」、と涙ながらのお願いをした。会場も割れんばかりの拍手をもって満場一致で採択された。……

東京で開かれた「女の階段回覧ノートグループ全国世話人会」によって、農薬の被害を記録する運動と共に関係官庁へ陳情の準備が着々と進められた。

ついに農薬危害防止月間中の六月二十七日を期して、要請運動を行うことに決定した。当日は全国的な雨で、新潟県は集中豪雨のため、残念ながら佐藤幸子さんは見えられず、栃木の井上トシ子さん、茨城の笹島千代さんの代表世話人と、千葉の川村久子さん、埼玉の長浜ちよさんと私が出席。『日本農業新聞』からは岡本昭子記者が同伴した。

私たち一行は、持参した農薬の空瓶などの実物を示しながら、一つずつの項目について善処されるよう、農水省、全農などにお願いした。農水省での記者会見にも同様に、改善の要請点を説明して協力をお願いした。

農薬表示の改善要請　ついに実る
今井農林水産政務次官より回答

『日本農業新聞』のこの見出しを見た時、私のまぶたは涙にあふれ、胸中にはさまざまな思い出が走馬灯のように去来した。偉大なる団結、力、そしていつも私たち農民の健康について温かく見守り、今回のことにも絶大なご支援を下さった長野県佐久総合病院の若月俊一先生に心より感謝申し上げた次第だった。

（『「女の階段」二〇年記念誌』、六二頁）

鈴木が農薬の表示改善を訴えたのは、白髪染めの表示が見えづらく、それがもととなって目を痛めたことがあったこと、そしてそのような事故が起こらないよう粘り強く表示の改善を訴え、とうとうメーカーに改善を約束させたという経験があるからである。

こうしてみてみると、白髪染めと同じく、農薬の表示も見えないほど小さな表示で添付資料もないことをなんとかしなければならない。鈴木はそう考え、回覧ノートのグループ「しもつけ」のリーダーと相談して、第二回大会で訴えることにしたのであった。

その訴えに対して女性たちは会場からの大きな拍手を持って賛同の意を表した。愛読者の会は話し合いを重ね、七項目の要請文を作成し、代表五名（当初参加予定であった新潟の佐藤幸子は集中豪雨被害で参加できなかった）が一九七八年六月二十七日、農林省（当時）や全農に対して要請行動をおこない、その後、農林記者会で記者会見に臨んだ。農林省では、当時の今井勇農林水産政務次官が対応し、メーカーに働きかけをおこなうこと、その結果を一週間以内に回答するという約束を取り付けた。

この時に提示した七項目の要請とこれに対する回答内容は次のとおりである。

なお、要請項目1—3については表示問題として一括回答となった。

1、（要請）農薬の表示を読みやすい大きな字ではっきりとわかりやすく明記する。特に小さなビンの場合には別紙に印刷したものを添付すること。

2、（要請）農薬の名称は、学名や横文字だけでなく、用途目的別の記載も併記する。

3、（要請）毒物・劇物などの記載だけでなく危険なものはなぜ危険なのかも含めて説明し、利用には十分に注意するよう解説する。

（農林省からの回答）

①「誤飲等に対する応急措置については太文字または赤文字で注意を喚起するよう、農薬工業会を通じて指導させる」

②「小瓶などのビンには、段ボール箱の中にラベルと同じ内容を大きな文字で記載した補助説明書を製品と同数入れるよう、農薬工業会を通じて指導させる」

③「殺虫剤、殺菌剤等の区別もわかるよう、たとえば「虫」「病」などの略称で表示するよう、農薬工業会を通じて指導させる」

④「特に危険なものには別に製造業者などが販売店を通じ、チラシなどを配布し、注意を喚起す

るよう、農薬工業会を通じて指導させる」
4、(要請) 使用法において量の説明に用いる表示は尺貫法も明記すること。倍率の幅が大きすぎるので利用者の立場に立って理由を詳しく説明すること。
(農林省からの回答) 却下。「メートル法で統一しているので無理。窓口で尋ねてほしい」。
5、(要請) 水や油などで消えないような印刷方法を。
(農林省からの回答) すでにやっている。「インクは水で消えないものをすでに使用しているので、消えたとすればそれは保管の問題である。使い手側で直射日光を避け、保管箱を利用して冷涼な場所に保管してほしい」。
6、(要請) ビンの中栓がゴムの手袋でもあけられるように大きくするか、またはコルクにして取手をつけるなど工夫すること。
(農林省からの回答) 「中栓については、ゴム手袋であけられるよう、さらに安全面と便利さの両面の改良に努力する」。
7、(要請) 水和剤は計量しにくいので計量カップをつけること。
(農林省からの回答) 却下。市販の計量カップを利用してほしい。

2 農薬表示改善運動の評価

農林省や農薬メーカーの管理団体である農薬工業会に対して、女性たちの、というより現場で働く農民の切実な声を突きつけたことは、次の点で極めて大きな出来事であった。特に圧倒的に男性優位の農業者の世界で、女性たちが声をあげたことは、女性たちにとっても、会にとっても大きな前進であった。行政には現場の声が反映されて当然であるとの女性たちの認識は、まさに戦後民主主義の流れを体現する出来事であった。

このことについて『日本農業新聞』の論説は「今回のやりとりが、通常の行政や、指導を越えた、まったく主婦の自主グループの行動であり、しかも農作業を直接こなしている人たちによって直談判されたという点に一種のさわやかさを覚えると同時に、農村主婦の多様化をも感ずるわけである」（「論説　四人に一人の農薬中毒と行政」『日本農業新聞』一九七八年七月二十五日付、『「女の階段」手記集』第二集に収録）と評している。

女性たちは、問題提起から要請事項の取りまとめ、そして実際の行動へとつなげていくことができたことを率直に喜びながらも、農薬工業会と農林省農蚕園芸局植物防疫課との検討の結果が、七月四日、農林省から伝えられると、「女の階段」愛読者の会で、極めて冷静にこの回答内容を精査し、評価を行っている。

「〝女の階段〟愛読者の会」代表世話人だった井上トシ子は、「回答は指導徹底というところに落ち着くので、今後十分に守られるよう、農協の窓口で注文を出すと共に、農協婦人部員など身近な仲間に、この成果や問題を知ってもらい、農薬の事故を減らしていきましょう」（くらし欄、八月十二日付け『日本農業新聞』）と語っている。また、六・二六水害に見舞われ、共に要請に参加できなかった新潟の佐藤幸子は「まだまだ手ぬるい回答内容」と題して「使用する側にとっては最低限七項目の要請でしたのに、計量単位の尺貫法併記の説明文については全面的に削られ残念でした。また、「安全、便利さの両面で努力をする」との回答は確かに一歩前進ですが、使用者にとっては決して納得の行くものではなかったはずです。製造会社などへの要請指導は「努力する」などの手ぬるい回答ではなく「即刻徹底的な行政指導をする……」との確約をいただきたいものです」（「女の階段」投稿欄）と主張する。（ともに『日本農業新聞』八月十二日付、『「女の階段」手記集』第二集に抜粋掲載。）

実際、農林省からの回答は、「努力を促す」「指導させるように伝えた」「あなた方が努力できるところは自力でお願いします」という範囲に止まっている。これらの回答は、農林省が向いているのは産業界の方であって、現場で農薬を使い、事故に遭い、命や健康を犠牲にさせられている農民ではないということを示すものであった。

3　現在の農薬表示に関する動きと女性たちの運動の成果

二〇一七年現在、農薬表示については、農薬取締法第七条によって規定されているが、昭和二十三年（一九四八年）に施行されて以来、表示については現在に至るまで変更はない。また、そこには「文字の大きさ＝ポイント」の規定はない。

農水省では、この農薬表示について、義務規定を伴わない一種のガイドライン「通知（農薬を販売する際の表示要領）」を出している。そこには、まず、このように記されている。

「従来より、表示事項が小さく読みづらいため読みやすくして欲しいとの要望が多くなされているところであり、登録番号や商品名の表示が不適切な事例が報告されている。ついては、法第七条及び農薬取締法施行規則（昭和二十六年農林省令第二十一号）第七条の規定に従うとともに、別紙の農薬を販売する際の表示要領を参照の上、より適切な表示を心がけられたい」（平成十五（二〇〇三）年六月二十五日農林水産省生産局長「農薬を販売する際の表示要領の制定について」農水省HP:http://www.maff.go.jp/j/nouyaku/n_kaisei/h141211/h141211h_1.html）。

「愛読者の会」のような、幾多の現場の声が農水省にこのような通達を出させる力になっていることは、この文面からも確かなことである。

ただし、表示に関するこれらの通達は、業界に対して努力を求めるだけにとどまり、強制力はない。それも、そのガイドラインは、農家の現状に則した基準とは到底考えられない内容と言わねばなるまい。

このガイドライン「通知（農薬を販売する際の表示要領）」には、「購入者、農薬使用者等が読みやすい字体によることとし、八ポイント以上の大きさの文字及び数字を用いることとする」とあるが、同時に「容器又は包装の表面積が小さい場合には、容器又は包装からはがれないようにラベルを巻き付ける等の措置により、表示可能面積の確保を図るが、それでも表示が物理的に不可能な場合にあっては、八ポイント未満の大きさの文字及び数字により読みやすく表示することを妨げない」とも記されている。そのほか、「適用病害虫の範囲及び使用方法は、表示可能面積に応じ、五ポイント以上の大きさの文字及び数字を用いて、色分けすること等により読みやすく表示することとする」とされているが、五ポイントにせよ八ポイントにせよ、老眼鏡が必要な高齢者が多くを占めている現状で、納屋等の暗いところにおかれる農薬の表示がこのような大きさでは、読み取りは困難である。

また、問題なのは、農薬表示を規定する「農薬取締法」には、表示方法について女性たちが要求した「読める大きさの文字」の具体的な基準となるはずの「ポイント」も「表示の色」も示されていないことであり、これらについて示される「表示要領」（農水省HP: http://www.maff.go.jp/j/nouyaku/n_kaisei/h141211/h141211h_2.html）はあくまでも遂行義務を伴わないという、極めてゆるやかな内容にとどまっているという事実である。

したがって、愛読者の会の井上や佐藤が鋭く指摘したように、要請を行い、回答を手にするだけでは、せっかくの運動が表示内容の明確化という本来の目的にまで結びつかずに終わってしまうと言うのも当然である。

戦後民主主義は女性たちに「自分たちの意見を企業、行政が聞くのは当然のことである。命と健康を脅かすリスクを排除することは当然の権利である」ことを約束してきた。しかしその約束は、これまでほとんど守られることがなかったし、無視されてきたのであった。

それでも、権威の象徴である「偉容をほこる大きな建物」（提案者鈴木セキの記述）に守られた農林省に足を踏み入れることだけでも、女性たちには大きな勇気が必要だったのである。そんな中、女性たちは、農林省と業界に対して要求を突きつけ、少なくとも「改善に向けて努力する」ことを約束させ、行政と業界に自分たちの非を認めさせたのである。

この改善要求運動がどれほど実効性のある結果につながったかを検証することは確かに難しい。それは、女性たちが要求した「改善」が文章としてはっきりと法や条例に反映されているわけではないからである。

また、回答書にも「罰則」ではなく「指導」の文字が並ぶにとどまっている。

しかし、この一連の行動、すなわち、農薬被害に対する共通認識を確認し、農薬被害を記録し、農林省に要望書を突きつけるといった行動は、女性たちに、それまで近づくことさえはばかられた政治との距離を縮めることにつながった。

さらに、それは、どうしたら農薬を減らせるのか、どうしたら農薬を使わずに農業ができるのか、我々に農薬を使わせている者はだれかを考えるきっかけをも提供した。

第三回「女の階段」の集いで若月俊一医師は「大会への期待」として次のような言葉を寄せている。「今日の農薬大量使用は、農民の健康を犠牲にした農政に、根本原因があります。一人でも多くの方から農薬使用の現状を出していただき、みんなで声を大にしていきましょう。さらに、農薬を使用しないで済む農法（農業技術）の知恵を出し合い、健康な農業、村づくりをさぐり、前向きの会にしたいですね」（『日本農業新聞』一九七八年十二月二十三日付）。

戦後の経済復興から高度成長へ突き進む日本経済は、農民の安い出稼ぎ労働力と、低廉な食糧供給を支える女性のタダ働きを組み込みながら進められた。農業と出稼ぎと、二つの仕事を掛け持ちしながらでなければ暮らしていけない状態に農民を置きながら、一方で、「手間が省けますよ」と農薬を使わせる。情報も十分に与えず、奨励金まで出して「安全は折り紙付き」という国の保証付で農薬を大量に使わせる。安全なはずの農薬で中毒を起こせば、「製造者の側の責任」ではなく、使い手の側の責任だという。その使い手は、今やかあちゃんとじいちゃん、ばあちゃんなのに。そうさせたのも農政なのだ。農薬表示の問題は「表示」という枠を越え、農政とこれを進める国家に対して異議を唱える機会を作り出した。「心身ともに健康なままで作らせろ」、それが、不安を抱えながら農薬を使い続けなければならない農家女性たちの本当の要求であった。農政に翻弄されながら、女性たちは本当はどこに進むべきかを見抜いていたのである。

私たちは今どこへ向かっている

佐藤サツ子（山形県鶴岡市）

農薬問題を考えると、農民は、農薬会社と農林水産省にあまくみられていたといっても過言ではないでしょう。塩素系の農薬と魚の中の水銀とPCBが体の中に溜ってゆく。第二次世界大戦の時、毒ガスの中に神経ガスという恐ろしいものが、前（に）使ったマラソンやパラチオン、スミチオンと似た構造を持っていて、（この）毒ガスと農薬関係も火薬と化学肥料とそっくりであると知った時、わたしは唖然としてしまいました。

国や県が安全だと言って進めていたものがこれだから、わけのわからない病気で苦しむ人々がいっぱい出ているし、今生まれた子供達は五十年ぐらいしか生きられないという言葉も耳にするたび、あくまでも国の基準を信ずるのは考えものです。身障者の生まれてくる原因がわからないし、その追求はされないまま、身障者の福祉だけでは片手落ではないでしょうか。

私達農民は生産物について質をよくし、農薬も適切な量と使用方法を守り、あくまでも安全良品への追求を忘れてはいけないと思います。米の減反政策でなく化学肥料や農薬の使わない有機農業をめざすべきです。そうすれば今迄の量はとれないけどおいしい米がとれるわけです。「私達は今どこに向かって歩んでいるのであろう」と絶えず自問し、体は建物より、命は衣服より価値があるのです。

権力でおどされるのでなく、あくまで人類全体の益をはかり進むべきではないでしょうか。

（『「女の階段」手記集』第二集、一九七九年、一〇九―一一〇頁）

六　無農薬・有機栽培、学校給食、産直運動の芽ばえ

農薬問題は、農村だけでなく、都市部及びその近郊でも重要な局面を迎えていた。一九六五年十月二十七日、東京・三鷹市で農家が畑にまいたクロルピクリンが隣り合わせに建っている住宅地に舞い降りて三十世帯の住民に目や喉を刺すような痛みを発生させた。住民は「もう使わないでほしい」と訴え、農家は「使用量も控えて使ったのだが……住宅が立て込んできたのでもう使わない」と謝罪する。[*13] 農民と新興住宅地に移り住んだ住民との軋轢は、農民に次の一手を考えさせずにはおかなかった。

開発と公害による環境破壊と農薬、化学肥料を多用する「近代的」生産システムへの疑問は、国民の間でふつふつと大きく広がり、生産者たる農民の間にもオルタナティブな（多様な）生産方法を模索する動きが出てくる。その一つが有機農法であった。

協同組合経営研究所の理事長であった一楽照雄らが一九七一年に結成した「日本有機農業研究会」には、農業生産者はもちろんのこと、若月俊一医師など医療関係者、研究者なども参加し、有機農業を知らしめる大きな力となった。

有機農法による農産物が市場で市民権を得ていくまでにはまだ時間が必要であったが、消費者の側でも生活協同組合運動や産直運動など、農民、加工業者との連携を通じて安全な食を確保しようとする動きが活発化していく。

この頃のことを、「命をはぐくむ学校給食全国研究会代表」の雨宮正子の述懐をもとに振り返ってみよう。「日米安保条約と農業自由化は一九六〇年。多古の皆さんが多古の農業を活性化させる活動を始めたのは一九七八年です。七二年には色々と問題が起きています。日本列島改造論というのが起こってきて、私の地域の船橋でも東京—成田間六〇キロをノンストップで新幹線が通るという計画が一九七二年に起こっています」。当時、雨宮らは婦人学級で学級生がつぶやいた「今日ニュースで新幹線が来ると言っていた」という一言から、ただちに農村青年たちと連絡を取り合い、一週間で一万七〇〇〇筆の反対署名を集める。署名活動をおこないながら農村が置かれている現状に触れた雨宮たちは、船橋の農地の宅地並み課税反対運動、朝市の開催、学校給食に関する勉強会の講師を勤めるなどしながら農村青年たちと共に農業を守る運動に参加していく。農村青年たちも雨宮を講師として勉強会を重ね、農業委員に立候補したり、東京都品川区の学校給食との提携関係を確立する。彼らは今では東京や神奈川の住民たちと野菜ボックスの産直を始めるなど、活動の幅を広げている。[*14]

皮肉なことではあるが、六〇年代以降、特に新興住宅地の住民たちと農家の距離が近くなった分、住民も農薬や食の安全に関心を持たざるをえなくなり、農民も都市型農業のあり方を模索せざるを得なくなった。一方、輸入自由化が進み、一九七〇年度には一二八〇万トンだった輸入重量は一九七八年度には二三〇〇万トンと二倍近くまで増加、たった六％程度しか行われない検査の実態もさることながら、そのわずかな検査で、毎年九—一六％もの輸入食品が検査を不合格になるなど、消費者の間に輸入品に対する不信感が広がっていった。[*15] ますます見えづらくなった生産・流通のどこかにリスクが潜んでいることを、消費者は事件や事故を通じて理解するようになっていた。

大量生産大量消費体制が確立したことで、一方では大量生産・大量流通・大量消費のメインストリームからとりのこされた市場やその担い手が生み出された。安全で健康的な食品を求め、大量流通の市場からはみ出てしまった消費者、農薬使用に疑問や加害意識を持ちつつ農業を続けていた農民、特に、自らも農薬の被害がより強く出やすく、子育てをほぼ単独で担わせられてきた女性農業者がメインストリームから外れたもう一つの流れを作っていた。

農民は生産者であると同時に消費者でもある。特に女性農業者は基幹的農業者であったが、同時に消費の担い手でもあった。その女性たちが同じ消費者である非農家の女性たちと結びつくのは自然の成り行きであった。

七〇年代に入ると、大気汚染や水質汚染など、工業化と大規模農業がもたらす環境破壊の問題が世界中で取り上げられるようになった。[*16]

この動きのなかで、有機農業は、経営としての農業を成り立たせるための手段ともなっていった。

有機農業は、メインストリームから外れた消費者を包摂しながら新たな市場を創り上げていった。そして、この動きは、一九七〇年以降、輸入農産物の増加に対抗する手段としてもクローズアップされていくことになる。

地熱のなくなった土に教えられて

安孫子せつ子　四十六歳（山形県）

一番大切な事は皆健康で居ることだと思います。で、自分なりに実行し又会う人毎に話していることをまとめてみたいと思います。私は大切な大地、大昔から総てのものを生かし続けてくれたこの大地をこわしてはいけないと常に思っています。ミミズのいなくなった土、ビニールをかけておくせいか地熱もなくなって雪を入れておいても仲々とけない土、これに気づいたのは数年前、ただ無《ママ》中で働いていた頃のことでした。それからは草など生えても人目を苦にさえしなければかまわない事にしてなるべく除草剤など使わず、年一回は必ず堆肥を入れ、山土を足したりして今ではミミズもいますし、農薬を使わなくても野菜を作れる土になりました。昨年のあの干ばつにも、一度も水をやらず、霜の降りるまで実をつけていたナスやキュウリ、消毒は一度もかけずに通してしまいました。まだ少しおかしい家《ママ》敷裏には牧草をまいて、山羊を放しております。でも野菜は自家用程度で主作物は果樹、主にブドウですが、これも最小限の消毒で、やがては毒をかけずにやれる方法にもっていく事を最大の目標にしています。

息子も今で云う翔んでる男の子ではなく、じっくり型なので必ずこの願いを受け継いでくれる事を信じています。

（『「女の階段」手記集』第二集、一九七九年、一一一頁）

インタビュー

川村久子さん

なぜ一度でも「休め」と言ってくれなかったのか

川村久子さん（八十二歳）、千葉県我孫子市在住。息子夫婦と同居。川村さんの数多くの投稿のいずれも、問題の本質を的確に摑み、理路整然と、しかも自然体で発信してこられたという印象がある。二十年にわたって「明るい選挙推進委員」として新聞の発行にも携わってきた川村さんは、今も毎日、新聞や本に目を通し、疑問を持ち、考えることを続けている。

――若い時にお連れ合いが亡くなられたのでしたね。

私は二十三歳の時に嫁いできました。お見合いでした。実家も農家で、農業が大変なのはよくわかっていましたから、農家へは絶対嫁にいかないと考えていたのですが、花作りをしている事に魅力を感じて決めたのです。

私が嫁いで来た時は、義父母、夫、義妹が二人と夫の弟、奉公人、全部で八人の家に私が加わり

「自家用の畑は30アールぐらい。野菜などを作っています」

九人もいたんですよ。とにかく大家族でした。

もともと、ここは、江戸時代は庄屋、その後は酒造りをやっていた家です。私が嫁いできた時は、この家は地主で、山も田んぼも持っていましたが、都市計画で整地して、現在のようになりました。山は一町歩ほどありましたね。

それから四年目に夫が急死。二十七歳の時でした。そのとき長男は三歳でした。みんなで一緒に食事した後、夫が急にお腹が痛いと言いだしたんです。その当時この辺にはお医者様がいなかったし、日曜日だったので、翌日、取手まで行ったの。即刻入院。多分ウイルスが体に入ったのが原因かも。一週間の闘病の結果、帰らぬ人となってしまいました。夫はとても優しくて誠実な人でした。

私は幼い子どもを抱えてどうしよう、今日か、明日かと死を考えたことも度々でした。でも、実家に帰っても世話になるだけだし……そもそも当時はそれならここで生きるしかないと決意して今日まで生きてきました。特に、実家の親戚へ嫁いできたおばあさんが川村の家と縁続きでしたから、一度敷居を跨いだら実家へは帰れませんしね。当時は、親戚の縁で結婚するということがとても多かったのです。

義父は民生委員や農協の理事等、会合の時にはいつも出かけてしまいます。明日は田んぼ仕事というのに、出かけちゃうのですから。義母も「私は身体が弱いから」と言って農作業をあまりしませんでした。家の中のことだって、炊事から育児、ほとんどの家の切り盛りを私一人でやってきました。この家に嫁いでから、お産以外に一日だって寝込んだ事なく、健康体が私の自慢の一つかも知れません。

昔のことを考えると本当に泣けてきます

田んぼを平らにする時も、ほとんど自分一人でやるしかありませんでした。雨の日でも自分一人でした。こんなに小さなからだで、自分でもよくやったなと、折に触れて思いだします。

私の知り合いで、子供を連れて実家へ行って、戻ってきたから洗濯をしていたら、姑に「この忙しい時に昼から洗濯なんかするな」と言われて、たらいの水を捨てられてしまったという人がいるんです。それを聞いたときに、私もそうだけど農家の嫁はだれもみな大変な苦労を背負っているんだな、みんな同じだなと思ったものです。

私は、若い時からの親友で神奈川の渡辺コトさんから何度も家においでよと誘われました。だけど義父母に「行かせてください」と言えなかったの。とうとう何十年も再会できず、それが残念でなりません。

――川村さんは、戦争も、そして戦後の農地改革を経験された世代ですね。

戦争の記憶といっても、小学校で玉音放送を聞いたことがかすかに残っている程度ですけどね。ただ、農地改革のときのことは覚えています。戦後の農地改革では、昔、山、荒地、水田等かなりの土地を所有していましたが、都市計画で整地され、沢山手放しました。それでも二・八ヘクタール（二町八反）という面積ですから、自分たちだけで耕作なんてとてもできません。だから農地解放以降も他人に貸して耕作してもらっていました。そうしたら貸していた相手に耕作権が発生し、返却してもらう際には耕作権の代償を巡ってトラブルが発生してお金で解決することもありました。

――戦後、食糧を増産、増産と行ってきた政策が突如減反へ転換しましたが。

（終戦直後は）増産、増産で大変な思いをして米を作ってきたのに、今度（一九六五年から）は突然、減反、減反でしょう。その時は、花卉に転作して十年くらい続けました。その時は研修性を迎えたりしていました。一年間研修生としてうちにいたKくんはずいぶんと話し相手になってくれました。今どうしているでしょうね。一度、息子に連れて行ってもらったんですけどね。

――その頃はこの辺りはまだ農地だったのですね

四十五年（一九七〇年）にここに駅ができて、住宅やマンションが増えて来たのです。義父は先見の明があって、オートバイや自動車も誰よりも早く買ったりした人なのですが、駅ができたら、一番最初に駐車場を作り、そこからマンション建設へと転用を進めていきました。土地があったからできたことですね。義父は都市計画審議会の会長になったり、ロータリークラブにも入っていましたっけ。

農業をしなければならないという大変さはあったものの、この家に嫁いでから金銭的に困ったことはありませんでした。やがて、高度成長の波に乗って駐車場やマンションによって収入を得るようになっていきました。その後です。この近所の土地持ちの人はみんな我が家に続いて駐車場やマンション建設などへ転換したのです。そういう意味で、義父は、本当に先見の明があったひとでした。

今は、息子夫婦が会社経営の形でこれを継いでいます。

私、忘れられないことがあるの

天気の良い日は、田んぼや畑へ出て一生懸命にやっているから、なんでもないの。だけど、雨が降った日などは家にいて本も読みたいし、家のこともやりたいと思っていたから休みたいの。だけど私の性格って、そういうことが言えないの。だから、雨の日でもカッパを着て田んぼの草取りなんかへ出たりしていたの。

私が出かける時、義父母は、雨の中、カッパを着て田んぼへ出る私を見ても、「今日は雨だから仕事は休んだら」とか、一度だって声をかけてくれたことはなかったの。なぜ一度でも「休め」と言ってくれないのか。また、自分も「今日は雨だから休ませてください」とかなんとか言えばよいのに、なぜ自分からは言えないのか……自分の哀れさに悩みました。田んぼへ出てから、自分が情けなくてよく泣きました。この切ない思い、心の葛藤は何十年たっても決して忘れませんし、今でも時々よみがえってきます。

花卉栽培を始めた頃（『日本農業新聞』による取材の時の写真）

普通の人は味わうことがない思いでしょうね。夫がいれば別なの、夫と一緒に仕事へ出るなら別なの。でも私は一人だから……。

義母には優しい言葉をかけてもらったことは一度もありませんでした。意地悪をするわけではないけど、農家の仕事を私一人に背負わせているのに、義母は何もしていないのに、重労働で疲れて帰って来ても、「ご苦労さん」とか、優しい言葉はまったくなかったの。この哀れな気持ちは今になっても忘れません。

それなのに、その義母が大腸ガンの手術を受けて、その後痴呆症が進行していくときは、私より体の大きい義母だから、時には息子夫婦にも力を借りなければあの大変な介護の苦労は乗り越えられませんでした。だから、なおのこと悔しい気持ちがあるのです。それは今でも消えません。

——家を出たいとは思いませんでしたか。

それはありませんでした。家を出ても子供を食べさせていくことができないでしょう。それに、義父母は子供には優しくしていてくれたので。とにかく嫁いだので仕方ない。波風を立てずにやるしかないと思うしかありませんでした。自分を褒めてやりたいと、今は思っています。

——今の農家の嫁姑問題についてはどのようにお考えでしょうか。

私の頃は、ほとんどの人がお見合い結婚でしたが、その当時、離婚などといった話を耳にしたことはありませんでした。お嫁さんは姑さんに従って波風が立たぬように、黙々と農作業に励むのが一般的だったのです。

今は、農機具の発達で、お嫁さんは時間が自由に使えるようになりました。それに自己主張することができます。そうなると、姑さんに耐えた昔の嫁さんが、今は高齢者となって嫁さんに遠慮し、耐えているという風潮も出てくるように思えます。

お前だけ大学にやるわけにはいかないと言われました

――文章を書くことをとても楽しんでおられるようですね。

高校の頃から本を読むことが大好きで、大学に進学して文学を勉強して小説家にと儚《はかな》い夢もありました。子どもの小学校の父母会に参加して、学校の先生と、文学論、人生論、教育論をお話しするのがとても楽しみでした。

実家の父は封建的なひとでした。お前だけ大学にやるわけにはいかないと言われました。それで和裁・洋裁学校へ行かされ「早く嫁に行きなさい」と、万事がそれでした。小説家への道はあきらめました。ただ、時間さえあれば本を読んでいました。家にあった日本文学全集十二巻すべてを読みました。夏目漱石、芥川龍之介、永井荷風など、かたはしから読みふけりました。

義母は県立取手高等女学校、義父はこの地域でただ一人東葛高校を出たのが自慢でした。もっとも、実家の父の兄弟のうち三人は東葛高校を出ていましたが、そんなことは義父の前では言えませんでした。せっかく誇りにしていたのに悪いでしょ。だから黙って自慢話を聞いていました。

――文学がだいすきで……それもあってとても素晴らしい文章を書かれるのですね。本も出しておられますね。

文章は自己流ですが、書くことが好きなのは文学全集などを読んだ影響でしょうね。本の出版については、井上さん、渡辺さん、永井さん、みんな本を出したのを見て、私も出したいと思ったのです。そうやって、記憶している限りの私の人生を書いたものが「花ありて」という本です。

――女の階段についてお聞かせください。

「女の階段」へ初めて投稿した時は、他の方の投稿に対する意見として送ったの。そしたらすぐに載ったの。「あらっ、載っちゃった」って、胸がドキドキしてね。じゃあ次も書こうと……こうして投書魔になったの。さすがに八十歳を過ぎたので、「女の階段」グループ「菜の花」は続けていますが、新聞への投稿は少なくなりました。でも、『読売新聞』のコラム「こだま」の会というのがあって、そこで二十年ぐらい会員を続けていましたが、八十歳になった時、やめました。

「女の階段」で忘れられない出会いはいろいろあります。宮城県の菊池さんが「主人が亡くなったけど、寂しいから年賀状ください」と投稿されたのを読んで、なんて優しい心の持ち主なんだろうと思いました。菊池さんとは若い時からのペンフレンドです。

――一九七八年の農薬表示問題への取り組みの時には一緒に農林省へいらしたのですね。

農家にとっては、農薬は一年中使うものですから、その大事な表示が虫眼鏡で見なければ見えないなんて困ります。それを鈴木セキさんが大会で提起され、五―六人で大臣のところへいきました。でも、今でも表示はそれほど大きくなっていませんよね。大臣は「みなさんのご要望に応えるようにしたいと思います」なんて言っていましたけどね。

今考えると、よくそんな行動ができたなと思うのですが、私自身も農薬を使う時があるからちゃんとしてもらわなくちゃ困るでしょ。

――決議をあげましょうとか要請に行きましょうという声に賛同することまではできても、それを躊躇せず行動へ移せたのは？

実際、農業を行う者にとっては大変なことだから。それに、その時は夢中だったから。若かったからというのもあるでしょうかね。農家の主婦だけでなく、『日本農業新聞』の後押しもあったからでしょうか?

——農協と農家の関わり、そして農政をずっと眺めてこられて……。

農家は、これまでずっと、金融関係、水稲、畑作の栽培等、何事についても農協と密な関係でした。なんでも農協を頼りにしていたのかも知れません。時代の流れをこうしてみてみると、当初は荒地を水田に、そして増産に励んだのに、それがいつしか余剰米を生み出す結果となってしまいました。こうして、政府は減反政策を進めることになり、農家は苦しい立場になった時代もありました。でも、現在はホームセンターの出現であまり農協を利用しません。

昔は農機具はじめ農薬、肥料、種子等、すべて農協で購入したのですが……。

それに、都市化した現在、わずかに残る水田耕作者にも、大型機械を利用している農家に委託しているところが多くなっています。畑作としては、何軒かの農家は市場へ野菜を出荷していますが、それでも自家用程度の野菜作り農家がほとんどです。規模拡大が叫ばれてきましたが、我が集落では、農地そのものの規模拡大は見受けられません。立地条件によってですが、むしろ、もう農業に依拠せず、駐車場、アパート経営等が収入源となっているから、農地として規模拡大など考えないということかも知れません。

——ご苦労を重ねてこられて、今、少しはご自分の時間ができたでしょうか。

還暦を迎えた年に『花ありて』を出版する事ができました。その時は本当に嬉しかったです。

また、その頃、「明るい選挙推進委員になって欲しい」と市から頼まれ、これも社会貢献の一つだなと思って実行してきました。

大勢の中で、女性たち七―八名が編集委員となり、選挙の時に投票率アップのための広報誌『白ばら』新聞を作りました。この仕事も永年続けてきましたが、こちらは八十歳の時に止めました。しかし、推進委員として選挙の時には、立会人の役目を今でも続けております。この推進委員を続けてきた事を通じて、また選挙というものについてもいろいろ勉強になりました。さらに、人とのふれあいは貴重なものだと実感できる素晴らしい体験でもありました。

私は若いころから二つの夢を持って働き続けてきました。一つは、いつか自分の本を出版したいという思いです。

折々に投稿した文が採用されて活字になった沢山のものを整理してみると、一冊の本にする事ができました。平成七年、「いつか本を出版したい」という夢が実現できました。

二つ目は、機会があれば、何処へでも、海外へも旅行したいと思っていました。これまで観光した国は二十カ国にのぼり、その印象は私の心の中にいつまでも残っています。

残念ですが、今では体力のことを考えたりして海外旅行への足も遠のいています。

国内へは年一回、二泊三日の旅行を娘がプレゼントしてくれまして、出かけています。大変ありがたく思っています。

現在の楽しみは観劇で、明治座や三越劇場へ出かけております。

このように、日頃思ったこと、感じたことを書き留めておき、月に一―二回ぐらいは投稿して、掲載されるのを楽しみにしておりますが、不採用になるのもしばしばで、ちょっと心が折れます。でも負けずに続けております。

とにかく健康と認知症予防も兼ねて、ものを書き、野菜作りをしながら、余生を過ごしたいと願っています。

自宅の庭で

第三章　戦後食糧増産体制のゆくえ

一　国民所得倍増計画のもとで

1　農業基本法

生産規模において戦前の水準を回復した一九六〇年は、池田勇人内閣のもと、「国民所得倍増計画」が閣議決定された年である。目的は農業と非農業分野、大企業と中小企業、地域間、所得階層間の格差是正をはかることであるとされ、その中では以下の方向性が示された。簡単にまとめると以下の通りである。

一、農業の近代化――基盤整備投資、資源開発、税制金融を通じた公的資金の投入

二、中小企業の近代化――親会社と下請けを含む中小零細企業の格差是正のため、中小企業の近代化を資金面でテコ入れする。

三、地域間の所得格差是正――地方の開発を促進する。資源の開発、税制金融、公共投資に特段の配慮をおこなう。

自由貿易路線を掲げながら、日本の製造業の輸出競争力を高め、外貨を稼ぐこと、そのために重

化学工業に優先的に予算を振り向け、産業基盤整備と地方への進出を支援することを通じて、企業の地方進出を通じて地方経済を活性化する、それが国民所得倍増計画で示されたシナリオであった。この国民所得倍増計画に基づき、翌年一九六一年に「全国総合開発計画（全総）」および「農業基本法」が制定された。

国民所得倍増計画は、一九六一年からの十年間で国民総生産を十三兆円から二十六兆円へと引き上げるというものであり、最大の目玉は、既存の四大工業地域を結ぶ線上に新規の工業地帯を置く太平洋ベルト地帯構想であった。新たな工業地帯を形成するために集中的に投じられた公共投資は、確かに重化学工業分野の生産拡大をもたらし、さらに拡張を続ける工業地域はやがて沿岸地域から内陸へと広がっていく。その過程で、一方では開発された工業地帯にその下請けとなる中小零細企業を集中させ、それがさらに田畑に隣接する形で、あるいは居住地に隣接する形での工場団地建設につながっていった。そして、その周辺部に労働者の居住地域が開発され、そこには新たな街が生まれ、広がっていくこととなった。

こうした巨大開発プロジェクトに関わる公共投資は主としてゼネコンに吸収され、その下請けにあたる地元の事業所の取り分はそれほど多くはなかった。それでもゼネコン経由で滴り落ちてくる公共投資は地元の建築会社を通じて雇用を生み出し、農家の世帯構成員に農外収入の機会を与えることとなった。ただでさえ、高度経済成長下、労働力不足は明らかで、大企業の労働者を中心に賃上げが続いていた。同時に、公共投資は、五〇年代と同様、農村を保守基盤の強固なサポーターとして組みいれておくことに有効な手段であった。

ただし、拠点化された工業地帯とその周辺地域では産業基盤インフラの整備は進むものの、生活基盤インフラは後回しにされ、多くの地域でそのゆがみが表面化してくる。

まず、第一に、こうした拠点開発方式での大規模工業地帯の建設は、結局、その地域にのみ人口と企業の集中を生じさせ、その地域では、いわゆる過密化が進行する。反面、工業地帯の影響が及ばない中山間地などでは、もともとその地域で操業していた事業所や工場が工業地帯に移転するなど、かえって過疎化が進行することとなった。

こうした地域の農業では、大規模化競争を生き抜くことは難しいため、耕作面積は零細なままおかれ、農地の転用もできず、したがって売却価格も極めて低いため、実質的には売却できない状態に置かれることとなった。こうして、棚田や森林を保持し土壌流出や洪水を防止する機能を果たしている中山間地の農家ほど、生活条件はますます厳しくなり、離農せざるを得なくなっていった。こうして、基本法農政のもと、流動化することができた農地は他用途の土地へと転用され、流動化できなかった農地は過疎の中で後継者もなく放棄されていった。

第二に、工場が進出した地域で公害が発生し、多くの被害者を出すこととなった。環境破壊の影響をもっとも受けやすい産業は農林水産業であった。農村部に拡張されていく工業団地やインフラ建設に伴う資材運搬のためにダンプカーが行き来し、工場では農業が作り出す水資源の費消が進んだ。

水、空気の汚染、そして頻発する交通事故が住人の生命と生活に深刻な被害を与えた。この時期、新聞には、連日のように、工場廃液の影響を受けた田んぼ、田んぼへの空きカンの投げ捨て、大気汚染による養蚕被害等の記述が並んだ。

魔の渡り廊下

ゴゴーッダダーッ、耳もおおいたくなるようなすさまじい音。ダンプカーが、コンクリートのミキサー車がすっ飛ばしてゆく。リヤカーをひいたおじいさんは、思わず身をちぢめて道端へ寄る。ほんの二、三歩、そこは地獄へ通じる道だ。埼玉県・足立町の農家Aさんは、農繁期になると、一日に何回か、この〝魔の渡り廊下〟を通らなければならない。この道をはさんで、田んぼと自宅があるからだ、リヤカーのつく耕うん機はもっているのだが、それでこの道を横切る勇気はとてもない。埼玉県警本部でまとめたことしの上半期の〝死亡事故の分析〟によると、事故の場所は市街地が六一・六%、路面別では舗装道路が八一・四%。農村を貫いている国道または県道での事故が、だんぜん多いことを物語っている。国策で、主要幹線道路は、つぎつぎ舗装されてゆく。これは同時に、農村に住む人が、ますます危険にさらされることを意味する。

（連載「交通戦争①」、『日本農業新聞』一九六六年九月二十八日）

第三に、農村部を巻き込んで拡張する開発の波は、都市化、ベッドタウン化していく都市部及びその郊外、そして工業地帯及びその周辺に広がる住宅地の農地に、農地としてではなく土地としての資産価値を与えることとなった。高度経済成長下、政府によるインフラ建設や労働者家族のためのベッドタウン建設は、当初は農民の抵抗にあうことも少なくなかったが、やがて、徐々に農地を侵食し、農地を消滅させていった。同時に、この時期、多くの農地が住宅地や商業地としての転用されていった。それだけではない。都市近郊に農地を持つ農家は、その土地に資産価値が生じると、土地を所有したままビルや駐車場、賃貸の集合住宅の経営に乗り出すものも増えていった。

このような地域では、農家の後継者は転用された土地を含む資産は継承したが、農業を引き継ぐことは稀であった。

農家の女性たちは、鍬一本で夫とともに農地を守り、その農地に依拠して暮らしてきた。したがって、女性たちは、当時、農業を手放すことに対する強い抵抗感と辛い農作業から離れられるとともに安定した現金収入を得られる安堵感との間で揺れ動いた。現在では、不動産収入を得て生活する女性たちは、すでに「仕事」としての農作業から離れ、いわゆる隠居生活を送っているが、未だに農業への思いが時々頭をもたげるという。農作業から離れた今の生活に何か不満があるわけではない。むしろ、もう二度とあの作業に追われ、義父母の世話に追われ、幾度となく心が折れるようなやり取りが交わされた労苦の日々に戻りたいとは思っていない。それでも、高齢となった女性たちが未だに家族や自分のために毎日小さな農地に出て行き農作業を続ける姿にはこうした複雑な思いが反映されている。

「孫が来るというから、家の畑に野菜を取りに行ったの。漬物でも作っておいてあげようと思って。昔はたくさん畑があって大変だったけど、今は楽しみ。採れたものは家族とご近所と、東京にいる娘に送るだけ。あの頃にもどりたいかって？　そうは思わない。やっぱりあの頃は大変だったもの。今が一番幸せ。でも、じゃあ、畑なんかやらなくてもいいかっていうと、それはいやなのね。ずっと体が動く間は畑にいたい。やっぱり気持ちがいいもの」

（九十歳、二〇一七年、姉歯による聞き取り）。

また、いくら農業を続けていくことを希望しても、周囲の環境が変化することで、農業が排除されるケースも発生した。具体的には、農村が都市化する過程で、非農家の住民が増加し、農業を続けていこうとする農業者との間に軋轢が発生する場合である。たとえば、農地に散布する農薬、肥料の臭い、風のある日に土ぼこりが舞うといった苦情が寄せられたり、養豚業者や養鶏業者が臭いに対する苦情を申し立てられ、移転を余儀なくされるケースがこれにあたる。このような場合も、幾らかの農家は移転して農業を続けたが、多くは移転を選ばず廃業する道を選び、こうして都市近郊の広大な農地が次々と消滅していった。

なあ兄弟、人間って勝手だよな

飯尾ヒデ子　五十六歳（神奈川県）

生家は、二ヘクタールと乳牛二十頭を飼育する専業農家。市街地近郊の地理的条件から工場誘致で進出してきた各工場群へ職を求める半農半勤世帯が目立っている。そのため専業農家は生家ただ一戸となってしまった。このごろ米作を転換させ、酪農の振興などが打ち出されているが、それも近年新都市計画法などの論議がわき、住宅区域と農耕地をはっきり区分けしようということが持ち上がっている。そこで、酪農をはじめて十余年のキャリアを持つ甥は、このごろ公害問題にからみ合った苦情が絶えず、ふさぎ込んでいる。酪農を始めた当初は、周囲に人家もなく、田んぼが一面にひろがっているだけだった。自分の家の敷地が、都会の学校のグランドを追い抜くほどの規模があり、家のわきに牛舎を建て、乳牛を飼育、搾乳していたが、近ごろ公害が取りざたされ、牛のふん尿が臭いと、転入してきた住民から降るように苦情が殺到。ときには、市会議員や、市の衛生課職員や公害係担当者の耳に入れられたりして、あげくのはてに大目玉。大都会の工業地帯は、スモッグやばい煙に悩まされ、新開地は建設のつち音高きブルの音。身勝手かもしれないが、牛のふん尿の臭みぐらいかんべんしてくださいと訴える甥。

われわれ人間様だって排泄は必然的現象。毎日、毎日、牛乳を提供してくれる牛君。その牛君を牛舎に見舞った私は、牛たちが、かわるがわる「モー、モー」と泣いて物憂いそうにあたかも何かを訴えているように聞き取れた。「はて、何を……」と私はしばしその場にたたずんで思いをめぐらした。「人間どもは勝手なやつばかりだ。おれたちは、明けても暮れても牛舎につながれ、ここで一生を閉じてしまう。これも人間様のためなら……と甘んじて使命感に今日も生きているのにー」とそんな哀調を帯びて。思わず私の目を涙にぬらしてしまった。牛さんがんばってねーと声援を送りたい気持ちで一杯だ。だって人間たちの栄養や健康増進に寄与しているんだから。

（「女の階段」投稿、『日本農業新聞』一九七〇年一月二十一日付）

2 「農業の近代化」とは何だったのか

「国民所得倍増計画」にもとづき公布された「農業基本法」は食糧増産を主軸に置いた戦後直後の農政を転換し、輸入自由化路線を土台に据え農業の生産性を上昇させることを第一目標に掲げる、いわゆる「生産性至上主義」を示したものであった。と同時に、そこでは農業の生産性向上を図るために、農業の近代化、合理化を図る必要があり、そうすることで農業と他産業の所得格差の是正もはかることができるとする、第二の目標、すなわち所得の格差解消が掲げられていた。

基本農政のもとで進められた「農業の近代化」の「近代化」とは、実のところ、零細農家を整理してその分の農地を集約し、力のある農業者にこれを担わせることであった。すでに五〇年代には、農村からの人口流出が顕著となり、専業農家にしても、一九五〇年には五割であったものが六〇年には三四%に落ち込んでいた。もっとも、農家人口は減少していたが、同時に進行した土地改良事業による圃場整備や機械化、農薬・化学肥料の投入による徹底した省力化が米の生産性を顕著に上昇させていた。一九六〇年の農業における生産性も前の年より五割も上昇している。

このような生産性向上が目に見えて計られていること、しかも、農家では後継の世代が大量に他産業へと流れていたことは、政府が考える「農業の近代化」を進めるために必要不可欠なものであった。零細解消のための技術的な要件はすでに揃っていた。ここに大規模な公共投資を行い、製造業労働者と肩を並べる賃金を得られる農家を育成するというのが、この所得倍増計画と、この理念に基づいて一九六一年に制定された「農業基本法」であった。

図3　総農家戸数の推移(戸)

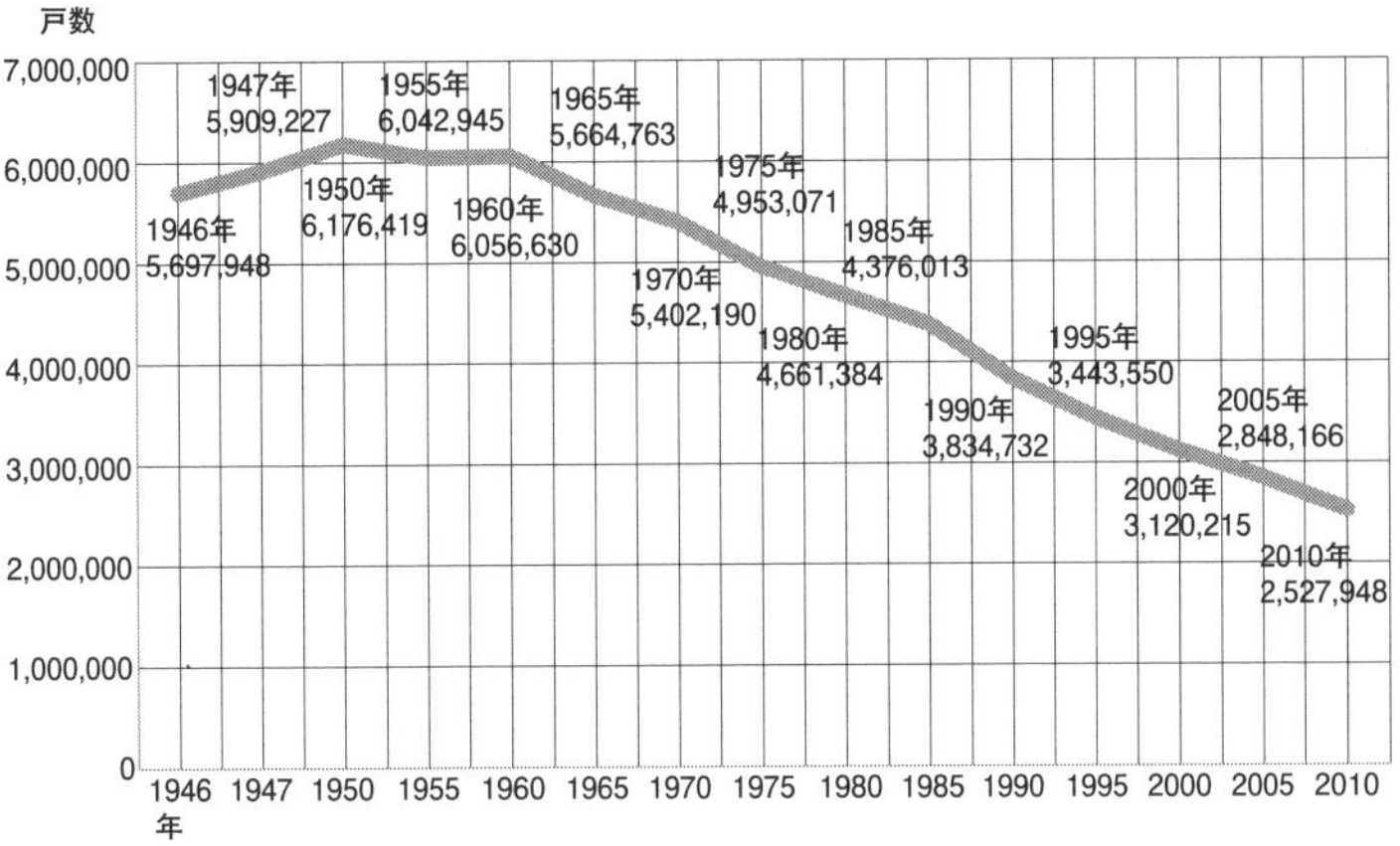

出典：農水省「農林業センサス」「農業構造動態調査」長期統計。

図4　専兼業別農家数の推移(万戸)

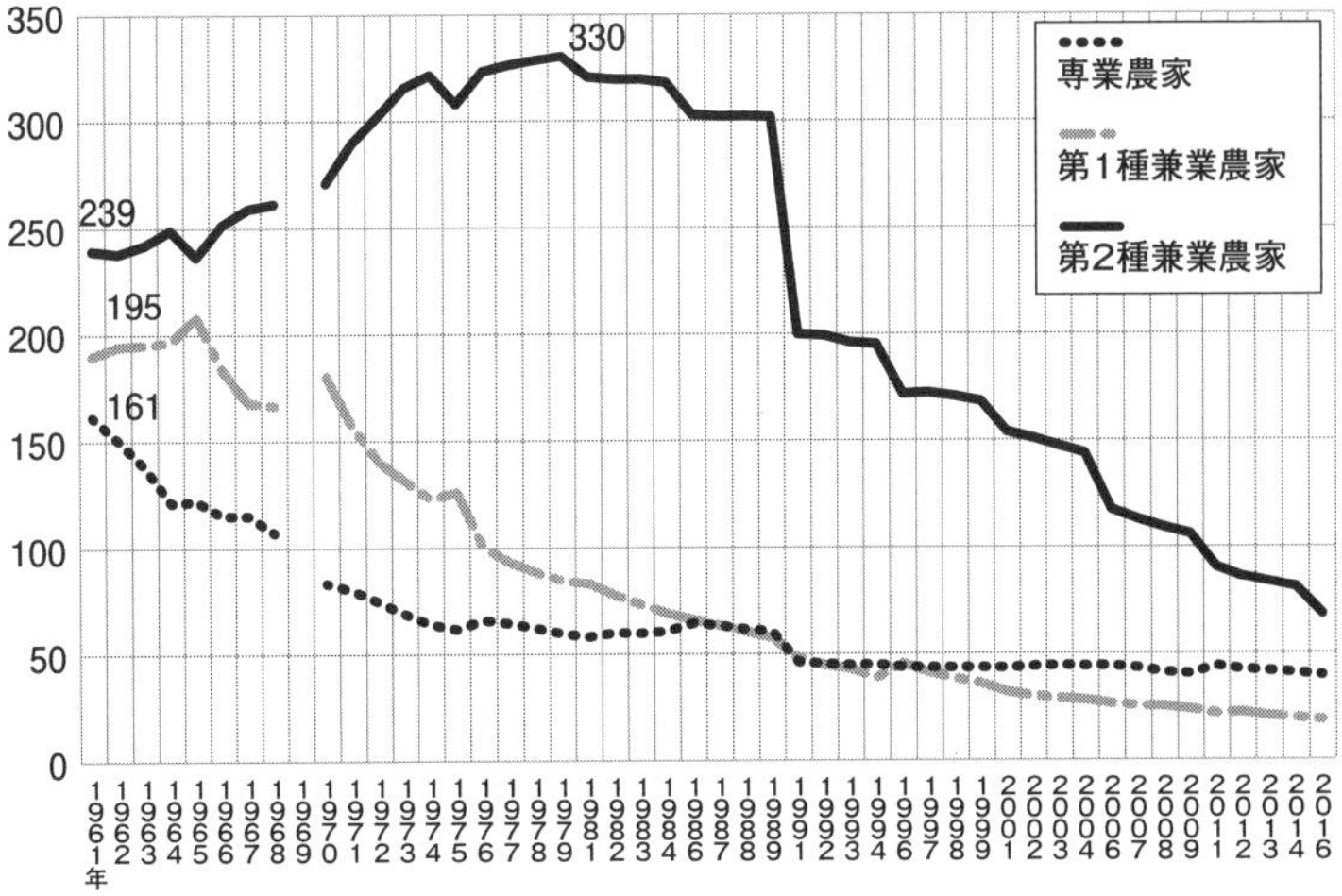

注：1969年は調査がなかった年である。
出典：農水省「農業構造動態調査」長期統計。

自立経営を確立することができる農家を育成し、零細農家からの土地をここに集中しようとすれば、当然ながら農地の集約と同時に、零細農家の離農を促進しなければならない。池田首相が「農業就業人口は今後十年間で三分の一に減るだろう」（のちに四割に修正した）と明言したが、その目指すところは、農業から離脱した人口は今後労働力不足となる予定の製造業やサービス業など、非農業部門に吸収させ、数少ない農家が三〜五ヘクタールの農地を効率良く耕し、補助金に頼らない農業を継続して営むというものであった。[*1] 経営拡大を望む農家に対しては農協を通じて農業近代化資金（一九六一年）が貸し付けられた。「総事業費の半分が補助金として国庫補助され、この事業のために農家が必要とする資金に対して国が利子補給するなどの政策が採用された」[*2]。

その一方で、農林省（現農水省）からは、離農希望者に対す転業資金や離農者年金の創設、職業訓練などが提起され、国をあげての離農促進がはかられた。

しかし、現実には、この目的は達成されなかった。図3より明らかなように、一九六〇年から六五年までの農家戸数の減少は六％（三十九万戸）、一九六五年から七〇年までの減少率は五％（二十六万戸）にとどまったのである。

このことは、この時期、離農を選択せず兼業によって農地を保持する農家が多く、特に政府がもっとも離農して欲しいと考えていた零細農家でさえ、離農する農家が著しく少なかったことを示している。

まず、六〇年代に限っては、零細な事業所や工場の労働者一人当たりの賃金と比べて、単位が世帯全体ではあるが農業所得はまだそれほど見劣りするものではなかった。なにより、六五年以降、特に上昇を見せる水稲価格とその水稲を全量買い取する制度（食管制度）が、農業所得を上昇させた。一九五五年に保守合同を経て、いわゆる五五年体制が確立していた。その基盤を維持するためにも農村の支持を取り付けることが必要であった。*3 農家をまとめ巨大な圧力団体となっていた農協は食管法にもとづく生産者米価の決定に際して強力な米価闘争を指揮し、確実に政府買取価格を上昇させていった。確かに高度経済成長下の物価上昇は稲作のコストも上昇させたが、とにかく作ればば確実に利益を生み出す稲作は、基本法農政が目指す所得格差については、ある程度までこれを縮小させることができた。しかし、そのことが、零細農の離農を促し、農地を集約するという当初の政府の思惑とは異なる結果をもたらしたのは前述のとおりである。

単に食管法のもとで政府買取価格が上昇していたから農地を維持したいという力が働いただけではない。狭い飯場で家族と離れて働く出稼ぎ労働者にとって、農地は彼らの不安定就労を担保する唯一の手段であったことも、離農せず兼業を選ぶ農家が多かった理由である。また、農村特有の人間関係から、農業を離れてしまうと集落内での発言力がなくなるといった不安も、離農を躊躇する理由であった。高度成長期の地価の上昇が自らの土地にまで及ぶのかどうか、これも不確実なことではあるものの、一方ではこれを期待し、子孫へ「資産としての土地」を引き継ぎたいとも考えた。多くの農家が、機械化をすすめ、その支払いのために出稼ぎで得た現金収入をつぎ込みながら、何とか農地を保持していきたいと考えるのも当然のことであった。

二　出稼ぎの構造

1　出稼ぎの増大と兼業化へ

一九六二年の「構造不況」、そしてオリンピックが終わった一九六四年末から始まる「六五年不況」の二度の落ち込みを除けば、日本は六〇年代から七〇年代初頭にかけて、およそ二桁台の経済成長率を記録した。これは諸外国でも例を見ないほどの急激な経済成長であった。六二年の構造不況も六四年のオリンピック開催に向けて、建設ラッシュが始まるとすぐに乗り越えることができた。一九五〇年の時点では総延長九二九六キロメートルだった一般国道はすでに一九五五年には二四〇九二キロメートルへと約二・六倍に伸長し、さらに一九六五年には初めての高速道路、東名高速の建設が始まった。これらの大事業は、農村からの出稼ぎによって支えられていた。

特に、東京オリンピックや東海道新幹線開通を控えた、この一九六三年には出稼ぎはピークを迎えている。当初は、農家に労働力として滞留していた二男、三男が、そしてのちには一家の家長がこれに続き、さらには女子の労働力が「新鋭重化学工業・大企業の裾野に、大きな賃金格差を守りながら展開するぼう大な（下請け）中小零細企業（底辺は農家の納屋工場）の賃労働者に編入されていった[*4]」。

かつて農閑期にのみ季節工として酒蔵などに勤務する短期の出稼ぎが主だったものが、冬場に限らず一年中生産設備が稼働している製造業や建設現場での仕事を請け負うようになると、出稼ぎ期間は長期化していった。当初は農業所得では不足する生計費を出稼ぎで補填していたものの、やがて農業収入が縮小し、一方で資本主義的消費社会が農村を取り込んでいくようになると、農家では農閑期を超えて農外就労に出ることが常態化していった。それも、政府が「基本法農政」で離農させようとしていた零細農家ほど、農地はそのままなんとか維持し、そこで上がらない利益を農外収入で補填しようとした。

一九六五年四月十二日の『日本農業新聞』九州版に掲載された熊本・鹿児島両県の実態調査によれば、すでに出稼ぎの基幹的部分は二男・三男から、世帯主（経営者）や長男へと移行しており、出稼ぎ者の四一・四％が世帯主、二九・三％が長男であった。しかも、出稼ぎ期間が三カ月以上の長期にわたっている者がすでに五四・九％に達していた。経営規模は、〇・五ヘクタール未満が四三・五％、〇・五～一ヘクタールが三四・九％と、零細農家が全体の八割を占めていた。

2　基幹的農業者となった農家女性たちの過重な負担

夫の出稼ぎ期間が伸長した分、女性たちが夫の代わりに農作業を全面的に引き受ける期間は長期化していった。大阪府が一九六五年一年間の府外からの女性の出稼ぎについて行った調査では、北陸から一三〇〇人あまりの農家女性たちが府内の田植え、稲刈り、みかんの収穫作業などを手伝っていた。七〇キロにもなる農産物を背負い月平均二十日間も東京に行商に出かける農家女性は、零細な農地を抱え、行商なしには生活維持が困難であると告白している。[*5] この頃の新聞記事には出稼ぎ者を狙った詐欺やピンハネが横行する様子や、出稼ぎ先の事故のニュースが数多く掲載されている。後継ぎになるはずだった息子を事故で失った母親、夫が出稼ぎ先で失踪した家族などの悲惨な話は枚挙にいとまがない。

男たち（夫、息子、そして義父までも）がいなくなった農村では、残された女性たちがますます過酷な労働へと追い込まれていった。男性農業者を出稼ぎに送り出したことで、農村に残った女性農業者たちは育児、家事、介護、近所付き合いを一身に背負ったままで、年老いた義父母とともに農業の中核的担い手とならざるをえなくなった。いわゆる「三ちゃん農業」である。

人口が流出して労働力不足になった農村では農機の導入が進んだ。ただし、機械化の進行は農作業の省力化を進める一方で、逆に農業機械の購入や生活の「近代化」のための消費支出を賄うために、女性たちが農閑期の内職や日雇いの土木作業などに出る機会を増大させることとなる。

一方で、家事の省力化は都会と比べて遅々として進まなかった。農作業の省力化は機械の導入によって可能となっても、家電の購入が真っ先に進んだ都市生活者の家庭とは異なり、家事を節約するための家電の購入は常に後回しになったからである。家事の省力化は「嫁を怠けさせるだけ」あるいは「手抜き」とされ、家族全員で楽しめるテレビの導入は進んだものの、都市労働者世帯のような、冷蔵庫や掃除機、洗濯機の導入など家事省力化のための台所の機械化、近代化はなかなか進まなかった。嫁の立場で洗濯機が欲しいなどとは、到底言える状態にはなかった。

女性たちは、夫の出稼ぎ中、慣れないトラクターや耕運機を操作したが、このような作業はそれまでは男性が担ってきたものであった。女性たちのなかには、妊娠中に小型耕運機を使用したことが原因で流産するものが増え、問題となっていたが、一九六六年の長野県佐久総合病院の調査によれば、流産を恐れて妊娠中に耕運機を使わなかったものはわずか四・八％にすぎなかった。[*6]
大型化し、女性に適した仕様になっていない上に不慣れな機械操作で農機による事故も多発し、また、人手が減り、ますます農薬に依存することとなった結果、農薬による中毒症状が女性たちの健康を蝕んだ。

この頃の農家女性たちの様子について、法政大学教授で丸岡秀子と共に『農村婦人』を著した大島清は次のように記している。「農村にふみこんできた資本の手によって凶暴にかきまわされた農家生活の混乱は、じつにおそるべき様相を呈している。〝機械化ブーム〟〝消費ブーム〟にかりたてられて、生産と生活は「近代化」するが、この華やかな豊富のなかで、農民の貧乏感がかきたてられる。たえず現金を求めて、作物をえらび、仕事先をさがす。農業災害がひろがり、主婦の過労と健康障害が深まる。家は分裂し、共同生活は引き裂かれる[*7]」。

急速に変化を遂げる生活に適応するためには、夫の出稼ぎで得られる現金収入だけではなく、現金収入を得る機会を増やす必要があった。女性たちは夫同様出稼ぎを行い、あるいは通いの賃労働者となって現金収入を得た。

農作業を担い、家事・育児・介護労働を行い、終日の労働は農家女性たちの健康を蝕み、家族関係を危機的状況に追い込むことすらあったが、それでも農家は機械の費用の捻出のためにも、また増える日々の生活費に充てるためにも農外収入に依存し続けなければならなかった。

時には、高度経済成長期特有のうなされるような消費欲が夫や息子を出稼ぎに誘い出すこともあった。「次は車が欲しい」と言って出稼ぎに行ってしまった夫、息子を後継にするためにマイカー購入を約束する親の姿、それも農村が大量生産に対応する消費市場へと変貌させられていったことを示す出来事であった。しかし、公式統計の数値三十万人（一九六三年）を遥かに上回る、職安を通さないものを含めた一〇〇万人前後の出稼ぎ[*8]の多くは、農業機械の購入、子どもの教育費、仕送り等を捻出しようとして必死だった。

出稼ぎは常に危険と隣り合わせであり、出稼ぎ先で命を落としたり怪我を負うことも多かった。税逃れのために公共の職業紹介所を避けて個人契約を選ぶ出稼ぎ者を狙った詐欺やピンハネも横行し、自治体や地域の農協が注意を促すほどであった。

3　家の支え手としての女たち

また、残った妻も主たる働き手が不在となる中、家事・育児・介護は減らないばかりか、義父母との生活によるストレスが強まっていた。さらに、農作業に追われ、過酷な長時間労働に心身を蝕まれた。農村では「農夫症」が蔓延し、それが女性たちを苦しめた。農夫症とは、息切れ、手足のしびれ、肩こりや不眠、めまい、腹張りといった様々な症状を発する農村特有の病気である。農繁期の女性たちはゆうに十時間を超える長時間労働を強いられ、家でも体を休める暇はなかった。それでも、女性たちは、ただ農外就労を労苦とだけ捉えていたのではなかった。日稼ぎやパートに出かけている間、女性たちは姑の目を気にすることなく、仲間との会話を楽しむことができた。彼女らは、いつ終わるとも知れず、どこまでやっても達成感のない家の雑事からつかの間解放され、時間通りに働き、初めて金銭で自分の労働が評価されるという経験を得ることができたのである。

家業としての農業から得られた利益は、通常、嫁である農家女性たちには分配されず、労働時間や労働に従事する期間に関する自己決定権は嫁には存在しない。

「家内制生産様式のもとでは、労働の成果の個人的な帰属は分離しにくい。家族成員すべての労働成果は、権威の配分構造にしたがって家父長の支配下に置かれる。女性の労働の貢献がどれほど多くても、それが必ずしも労働生産物の所有権に結びつかず、したがって女性の地位と相関しない理由はここにある。だが工場制生産のもとで男も女も賃労働者になると、賃金というかたちで個人の労働成果の帰属は明らかになる。この事実は、家父長の先決的な所有権を一定程度おびやかす*9」。そんな、タダ働きが常態化しているなかで、日稼ぎ、出稼ぎ先で労働の対価として賃金を受け取るという経験は、女性たちにとっては画期的なものであった。

しかし、賃労働者としての経験も、農村における女性の地位を引き上げることにはつながらなかった。彼女らが帰るところは家長が支配する、家制度が厳然と残る場所である。「「家族」という単位が超個人的実態として内面化され、個人がその中の有機的なパーツにしかすぎないところでは、労働者の賃金は個人に帰属しない*10」。同じく工場労働者となったとしても、独身女性たち（農家の娘たち）にしても、既婚者にしても、その給与の大部分を家族のもとに持ち帰るのは、彼女があくまでも個人として賃労働に従事しているわけではなく家族の一員として働いているためである。

そこから多少なりとも逃れるためには、都市部に住み、まったくの賃労働者として生活し、土地と、したがって「家」から切り離される必要があった。それでも家や性別役割分業というイデオロギーを資本主義システムのもとに再構成し、女性労働者に対する差別を正当化しようとする強力な力が女性労働者の職場と生活の場を支配している以上、完全に家父長制から逃れることは不可能だったのである。

農村から女性たちが都会に出てきた際に背負ってきた家イデオロギーは、資本の論理の中でだけではなく、賃労働者の意識下でもまた再生産される。それを資本主義システムは決して「前近代的制度」として拒否することはない。それが資本の論理の貫徹に有効なものである限り、資本主義システムは最大限これを採り入れ、利用するのである。

再び、現実の農村に眼を転じてみよう。女性たちが職場から家に帰れば、彼女らには気が遠くなるほど大量の家事と育児と介護が待っていた。農外就労は、あくまでも「家計補助」すなわち、子どもの教育費や台所改善、農機の支払いなど家庭生活と家業のためのものであり、夫が出稼ぎから帰るまで、あるいは家族が現金収入を必要とし、家族が許す範囲でのみ継続可能な、つかの間の仕事であった。女性たちは生き生きと農外就労に出て行くことはゆるされなかった。あくまでもそれは家計補助のための就労でなければならず、それ以上の目的を農外就労に求めるや否や、女性たちは家族や地域の非難の目に晒された。睡眠不足と栄養の偏り、ストレスを抱えながら、女性たちは男性たちとともに農外就労の現場では低賃金の労働力として高度経済成長を支え、農業生産者としてはそのタダ働きで安い農産物を生産し続けた。

三　農村における生活の変化

1　都市部と農村の格差

当時、日本社会における分断を示す一つの現象が、都市部と農村の著しい格差であった。国民所得倍増計画で掲げられたキャッチフレーズも、この地域間格差の解消であった。

一九五〇年代以降、「新生活運動」への国民的取り組みのもとで、農村地域では生活改良普及員が台所改善や「蚊・ハエ駆除」のための衛生環境を作るために村じゅうを走り回っていた。台所は女性の持ち場であり、寒くて暗い場所で灰をかぶりながら、煙にむせながら過ごさなければならない、いわば嫁の地位を象徴する場所でもあった。ここに明かりを入れることは、普及員にも農家女性にとっても優先度の高い仕事であった。

神武景気（一九五六年）で沸き立つ産業界は、都市部はもちろんのこと、未開拓の市場として農村に期待をかけた。すでに、ガラスや改良かまど、流し台や食器棚など、生活改善に必要な物財の大量生産は可能となっており、これらは比較的低廉な価格で提供できる条件が整っていたメーカー肝いりの短編映画やパンフレットによる宣伝、生活改良普及員の指導で農家のたたずまいを変えていった。それは、ちょうどこの国民所得倍増計画と相前後する時期であった。

農村では、出稼ぎで得た現金収入と、農作業の合間に女性たちが行う副業で作り出した貯金を使って、台所、屋根とひとつずつゆっくり改善を施していった。その過程で、銀行口座も持たず貯金するにも現金収入がほとんどなかった農村で、上層農に限ってではあるが、貯蓄（これも新生活運動の一環）の習慣が定着していった。貯蓄の習慣化は、価格の大きい家電製品やマイカーといった耐久消費財の購入を可能にしたが、そうはいっても、生活の「近代化」「商品化」のスピードは、都市部と農村部では明らかに異なっていた。

この時期、すでに都市部では住宅公団が次々と新しいコンクリートの集合住宅を建て、団地ブームが到来、やがて来るニュータウン時代に変貌を遂げる期間に入っていた。トイレも和式から洋式へと替わり、都市部では水洗トイレとセットで公共下水道が整備されていったが、農村部では上下水道の整備が始まったばかりであった。

また、労働条件でも、他産業との比較が可能になったことで、農業における働き方に疑義を唱える動きもでてくる。たとえば、「農休日」への関心の高まりがその一例である。工場や事業所では、毎月給料が渡され、休日もあるのに、農村では給料もなく休日もない生活が続いていた。これらの工場や事業所で働く農家出身の若者も増え、農家女性たちの中にもパートや副業として農外就労する者が増えた。また、徐々に機械化が進行し、生産力が上昇したことで休日を設ける技術的要件は整いつつあった。それでも、農協婦人部が提唱した月一回（だけ！）の「農休日」を設けることさえ、周囲の理解を得るためにはかなりのエネルギーが必要とされた。

楽しく過ごせる日はいつ……

前田和子　三十四歳（愛知県豊橋市）

「農休日」――嫁の立場にある私たちにとって、なんという魅力のある、そしてまた虚しい響きを持ったことばであろうか。私の部落でも、再三、農休日を呼びかけながら、多数の賛成にもかかわらず実行されません。隣部落ではきちんと行われているのを聞くにつけ、なんという情けないことだろうと思います。それどころか農繁期過ぎの農休日ならぬ農休みすら出来ないのです。

昔から五―六月の忙しさを越して、やれやれと思う一時を農休みと名付け、設けられたようですが、それすら年々休養する人とてなく、汗と土にまみれて働いています。

朝早くから夜まで、当てのない生産に生命をかたむけ、一時の休みも取れず、毎日の生活に一体何を求めて働くのかと考え、暗い気持ちになります。

新聞雑誌など何一つ私たちの忙しい生活の中ではじっくり読むことなどできません。目は文字の上を走るのみで、頭の働きをどこかに忘れ果て、種々雑多な流行ことばにまどわされている自分に気付く時、悲しみのどん底に落とされます。

懸命の努力はどこに実るのでしょう。冷たい百姓という名を背負ったまま過ごさなければならないのでしょうか。胸をはって、声を大にして「私たちは農村をになっている婦人です」といえる日がいつかはくるのでしょうか。私は待っているのです。あまりにも今の農業政策は暗いことのみで、私たち主婦はついていけません。一カ月に一日ばかりの休みが出来ない農業、心に反抗しつつ家人のあとに従い、尾を垂れた小イヌのごとくしぶしぶと休日を野良に働きます。島国根性というのでしょうか。他人は他人だ、自分は自分と、なぜに割り切れないかと情けない思いがいたします。

疲労の積み重ねでなく、一日ゆっくりと休養し、あすへの意欲を盛りたてた方が効果は大いにあるべきなのに、周囲の目、家人の言動を見るにつけ、抵抗を感じながら一日暮らしてしまいます。

世の中に、農業婦人で現在本当に満足と言える人は本当にしあわせです。一日一日を健やかにほがらかに暮らせる日を、首を長くして待っている私です。

自らの努力で作られることを念じつつ。

（「女の階段」投稿、『日本農業新聞』一九七〇年八月十日付）

2 都市部への人口集中と生活環境の変化

一九六〇年代、都市部の自営業者の廃業率は三―四％にのぼったが、開業率の方も六―七％と廃業率を遥かに上回る勢いだったため、都会には大企業のオフィス、中小の工場や事業所が立ち並び、とうてい一般の労働者が家族と住めるだけのスペースは残されていなかった。*11 都市部に勤務する労働者家族のための住宅建設は喫緊の課題であった。特に関東圏では、農村から都市部に移動した労働力は東京都に集中した。

一九六〇年代、そのころはまだ「郊外」と呼ばれていた練馬区、世田谷区（成城学園を筆頭に、高級住宅地のイメージがある世田谷は、当時、主に引揚げ者家族が住む環境劣悪な共同住宅が多く、当時は不良住宅地区と認識されていた）[*12]といった地域では、共同住宅を建て替え、さらに拡張するかたちで都営団地の建設が進んだ。同時に、持ち家のニーズに応えるため、都で造成した宅地も同時に売り出された。それまで農村風景が広がっていたこれらの地域は瞬く間に住宅用地へと姿を変えた。

都内だけではない。東京都に隣接する神奈川県、埼玉県、千葉県へと新たに線路が延び、ベッドタウンが開発されていくと、労働者たちは都市近郊の新興住宅地に住み、長時間かけて通勤した。こうして、都市近郊には職場と住居が離れて存在する「職住分離」が成立する。こうして、職場と家が分離されていない農家の生活空間とは明らかに異なる家族の風景が、核家族の進行を伴いながら日本中に広がっていく。ただし、農村を除いて、である。

3　都市部サラリーマンの生活様式がやがて農村へ

都会では、夫婦もしくは夫婦と子どもで構成されるサラリーマンの家族が、当時もっとも近代的な居住空間とされた「団地」を住まいとし、親世代とは離れて暮らすことになった。したがって、親が暮らす実家にさえ帰らなければ、日常的には嫁姑の衝突は生じないという状況が生まれていた。コンクリートとサッシで密閉された団地住まいは隣近所から隔絶され、プライバシーは守られるようになったものの、隣人の気配も感じることのない空間を作り出した。

台所か居間にはテレビが置かれ、家族はみな父親ではなくテレビを囲んで座った。

皆、テレビの中のアニメやドラマの主人公に目がくぎづけになってはいたが、その合間にはしっ

図5　媒体別広告費の推移（億円）

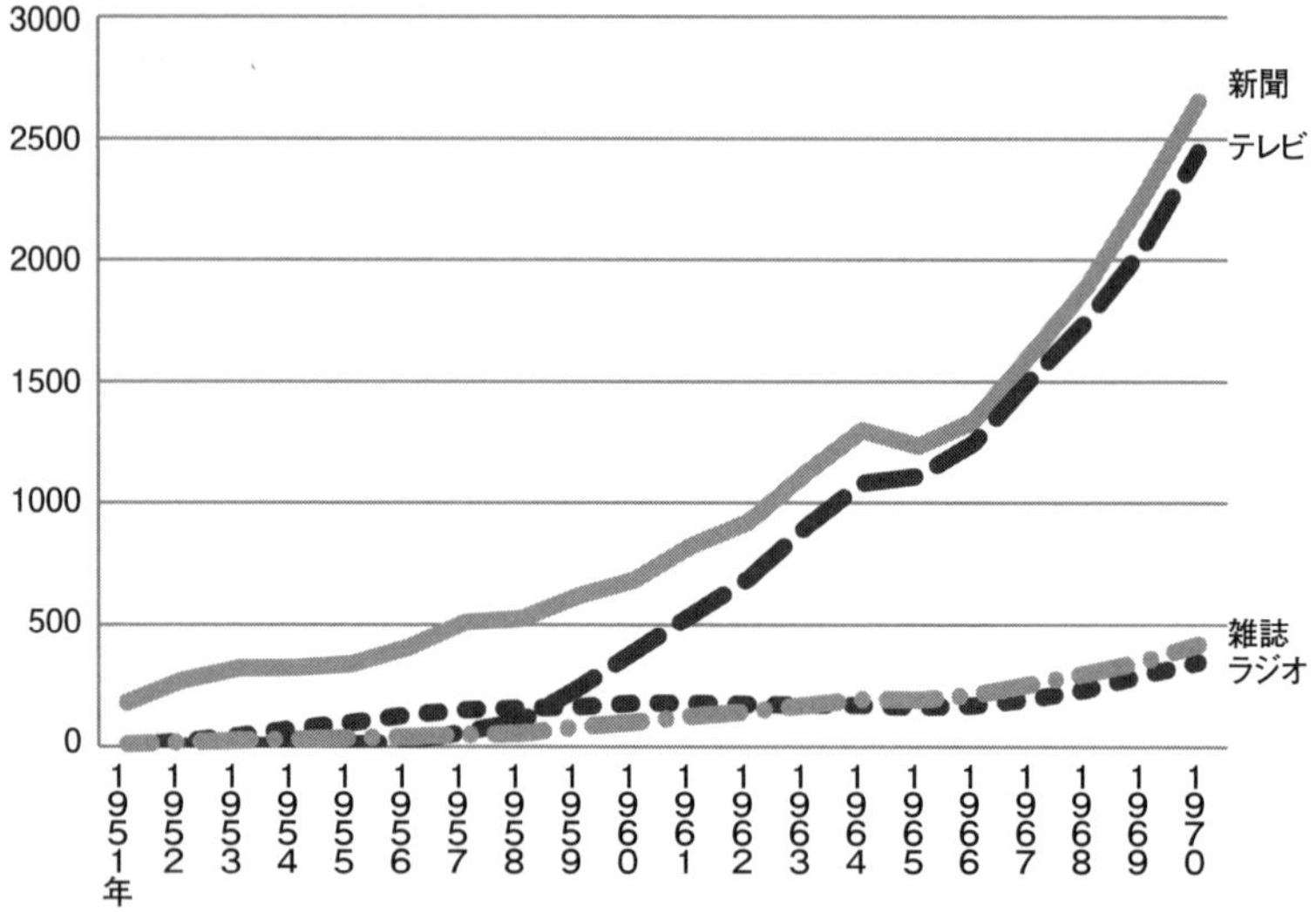

出典：電通「日本の広告費」、吉田秀雄記念事業財団、広告図書館。
HP:http://www.admt.jp/library/statistics/ad_cost/past.html（アクセス日：2017年9月3日）

図6　耐久消費財普及率（%）

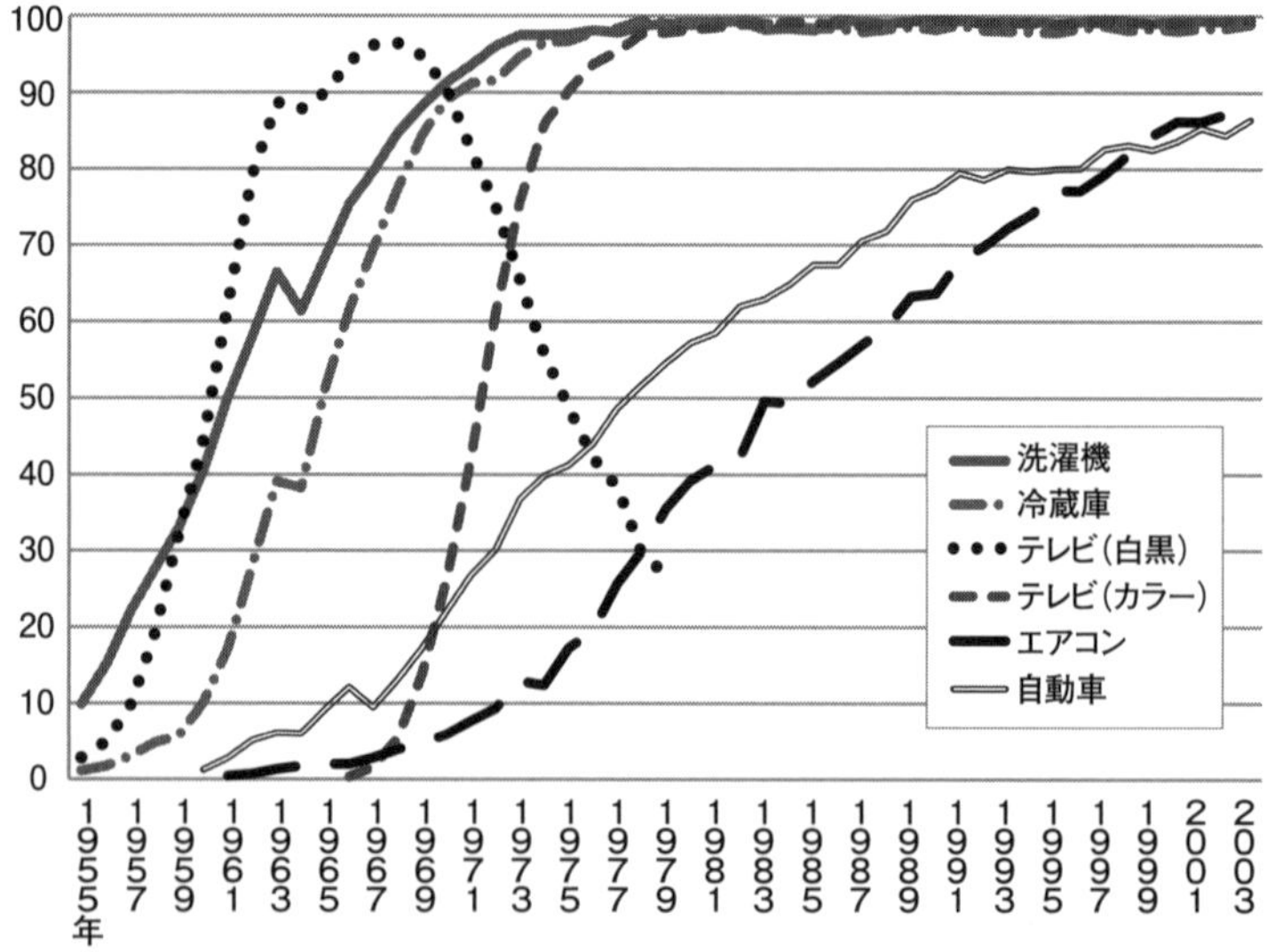

出典：内閣府『家計消費の動向』、2003年。

かり家電製品や自動車の宣伝がちりばめられ、消費意欲を煽った。テレビの普及は、新聞と共にコマーシャルを通じて家電製品や家電で満ちあふれた生活へのあこがれをかきたてた（図5）

図6は家電製品や自動車といった耐久消費財と呼ばれる商品が、家庭内（二人以上の世帯のみ、全国）にどのように普及していったかを示している。

戦後十年たった一九五五年の時点で、洗濯機の普及率は九・九％、テレビ（白黒）は二・八％、冷蔵庫はまだ一・一％の普及率にとどまっていた。一九六〇年までの五年間で、洗濯機は四〇・六％、冷蔵庫は一〇・一％とそれほど普及が加速化したわけではなかったが、テレビだけは急速に普及率が高まっており、この五年間で一気に洗濯機を抜いて四四・七％の家庭でテレビとともに生活するまでになっていた。特定の耐久消費財を所有しているかどうかが子どもたち同士の関係性まで決めていく、それは現代のゲーム機やゲームソフト、携帯電話でも同様ではあるが、この時代、それはテレビであった。

台所には食器棚と冷蔵庫、その他のスペースにも洗濯機や掃除機といった家電製品があふれていた。代わりに仏壇は姿を消した。ここに子供部屋が作られれば、いくらなんでも農村のようなわけにはいかない。仏壇を置くことも、客人用の広い部屋を確保することも、サラリーマン家庭では不可能だった。仏壇は若夫婦の家ではなくあくまでも実家にあるものとなり、年に一度、実家に帰省して手を合わせる存在となったし、雛飾りは団地サイズにコンパクトなものが売り出され、門松も、玄関におけるミニ門松という「置物」に変化した。

狭い台所にはテーブルと椅子、水道が敷かれ、ここだけですべての食生活が営まれた。もはや、

「男子厨房に入らず」は空間的には成り立たなくなった。厨房と居間は同一空間に押し込まれていたからである。とはいえ、空間が一緒だからといって、男たちが家事をするかどうかは話が別である。相変わらず家事は女がそのほとんどを担い、その傾向は、夫婦共働きであろうとなかろうと、農村であろうと都市部であろうと変わらなかった。

ところで、かつては台所とセットで存在していた土間がないので、野菜も芋も保存する場所はなくなった。冷蔵庫が土間の代わりに台所に入り込んだ。土間であればナスのヘタも大根の皮もそのまま庭先の穴に捨てればいつかは堆肥にもなったが、今はそれもできなくなり、ゴミ収集車に引き渡すただの廃棄物となった。土間もなく、台所は居間の一部に組み込まれたため、土付きの野菜は敬遠されるようになり、野菜は葉っぱと根が切り落とされ、洗浄され、袋に詰められたものが購入されるようになった。

アメリカから入ってきたスーパーマーケットという業態は、それまで百貨店か個人商店とで構成されていた小売業界の姿を大きく変える流通形態であった。スーパーは、陳列されたものを客が自分で選んでカゴに入れ、最後にレジで精算する、いわゆるセルフサービス方式の小売店であった。最初のスーパーは、一九五三年、東京の青山に出来た「紀ノ国屋」である。その後、「大栄薬品工業」を設立した中内功が「主婦の店」（のちの主婦の店ダイエー）を開き、「へい、らっしゃい」の声が聞こえないこうした売り方こそが「近代化」された流通のあり方であるとのイメージを多くの庶民に植えつけることとなった。こうしたスーパーは、一九六一年末には日本全国で二〇〇〇店を超えていたという。*13

「新生活運動」で促進された「近代的な取引行為＝重量、価格の明確化」とアメリカから戦後急速に生活に入り込んできたスーパーという販売システムは表裏一体のものであり、スーパーが農産物の流通を支配し、農家が生産する生産物は流通業者の要求に沿う形で提供されるようになる。同時に、既存の卸売市場と小売店の関係、さらには卸売市場と農協、農家の関係にも大きな影響を与えることになる。

インタビュー

東京の集会には、村の人に隠れて行きました

佐藤幸子さん

佐藤幸子さん（八十歳）は、新潟県三条市在住。酪農専業で、息子と息子の妻の和恵さんと同居。

「女の階段」第一回読者の集いを記念して作成された手書きコピー版の『第一号』のページは佐藤幸子さんの大きく開いた手形と詩で始まる。佐藤さんのこの大きく開かれた手は、働く女性のプライドに満ちて力強く、同時に全国のまだ見ぬ、そしてこれからまもなく会えるはずの同志である女性たちに差し伸べられた手でもある。この号の末尾にこう書かれている。「参加を切望しながら欠席を余儀なくされた多くの仲間に、友情と信頼を寄せて、ここへ差し伸べてくれた〝土とともに働く手〟です。佐藤さん、ありがとう。この手に皆さんの手を合わせてください。」（『第一回日本農業新聞〝女の階段〟読者の集い「丸岡秀子さんを囲んで村の女の本音を語る会」』一九七六年一月三十一日）

佐藤幸子さん（右）と佐藤和恵さん（左）

幸子さん　今、我が家では酪農ヘルパーをお願いしています。皮肉にも、酪農家自体がずいぶん減ったせいで、酪農ヘルパーもだいぶ行きわたるようになりました。昔はどこにも出かけられなかったけれど、今では、月に三回の日程で酪農ヘルパーが組まれ、その時には作業から解放されプライベートな旅行も楽しめるようになりました

和恵さん　母は耕作が放棄された畑をみると、そのご家族のことが心配で、いてもたってもいられなくなるんです。

――和恵さんはお仕事なので、戻られる前に少しお話を聞かせてください。酪農は結婚してからなのですね。

和恵さん　子牛を含めて、多いときには約五〇頭の牛を飼っています。九頭の子牛にミルクをやっていたこともあります。付き合うまで知らなかったのですが、車で七分ほどの所が実家なんです（笑）。三条市の体育指導員だった時に知り合って結婚しました。酪農の経験はありませんでしたが、動物は好きでしたから、大丈夫だと思いました。

幸子さん　酪農の経験がなかったのに、今は先頭に立って酪農をやっています。すごいことだなと思っています。

――一緒に「女の階段」の全国集会にも出ておられましたね

和恵さん　はい、尾瀬や立山にも一緒に旅しました。わが家では、これまでタイから四人の研修生を迎えたことが縁で、その研修生を訪ねて二人でタイにも行ったんですよ。

幸子さん　向こうでご飯を食べながら、「いま二人で語り合っている時間を、いつかきっとかけが

えのない体験として思い出す日がくるよね」と二人で話したものです。

平成四年に新潟県知事の任命を受けて、農村地域生活アドバイザーとして消費者との交流を続けています。平成六年には、アドバイザーとしてヨーロッパ四カ国研修に出かけ、スイスの酪農家にファームステイをさせてもらいました。今でも毎月一回の集まりを続けています。毎年二月に開催される消費者を対象にした食育の勉強会にむけて、地域の食材や郷土食などのテーマを決めるなど、今も忙しくしています。

体の方ですが、健康軽視の働き過ぎで昭和五十八年に腰椎分離症の腰痛にがまんができず、四十日間入院し、手術を受けました。努力を重ねて今は普通になりました。

女の階段と仲間たち

――お嬢さんがずっと投稿記事のスクラップをしてくれていたのですね。すごい量ですね。

四〇年に思う

宇鉄久美子（新潟県）　＊久美子さんは佐藤幸子さんの娘。

私が小学校三年生の頃だったと思います。夜中に目を冷ましたら、母が一人机に向かって一心に何か書いていていました。それが「女の階段」の回覧ノートだったのです。そのころの母は一日中働き尽くめで、夜になって日本農業新聞を読むのが何よりの楽しみだったようです。多忙の母にかわって私は「女の階段」を切り抜きスクラップ作りの役目を受け持っていました。回覧ノートが届いた時の母はとっても明るくなり、機嫌がよく、そんな母を私は大好きでした。

　母の回覧ノートの友、北海道のSさん宅に私と同じ年の娘さんのいらっしゃる事を知り、小学校五年生の私たちは、文通二世としてペンフレンドになりました。高校生の時、Sさんと感激の対面を果たしました。ですから日本農業新聞の「女の階段」は、子供のころからずっと関わってきました。「手をつなぐかあちゃんたち」第一号の表紙に、母の大きな手形が押されていた事も忘れられません。小さな自分の手を母の手形にそっとのせて自分も大人になったら母のように働こうと思いました。今振り返れば、当時の母は今の私よりずっと若かったのです。あの大きな母の手が私たちを育てて

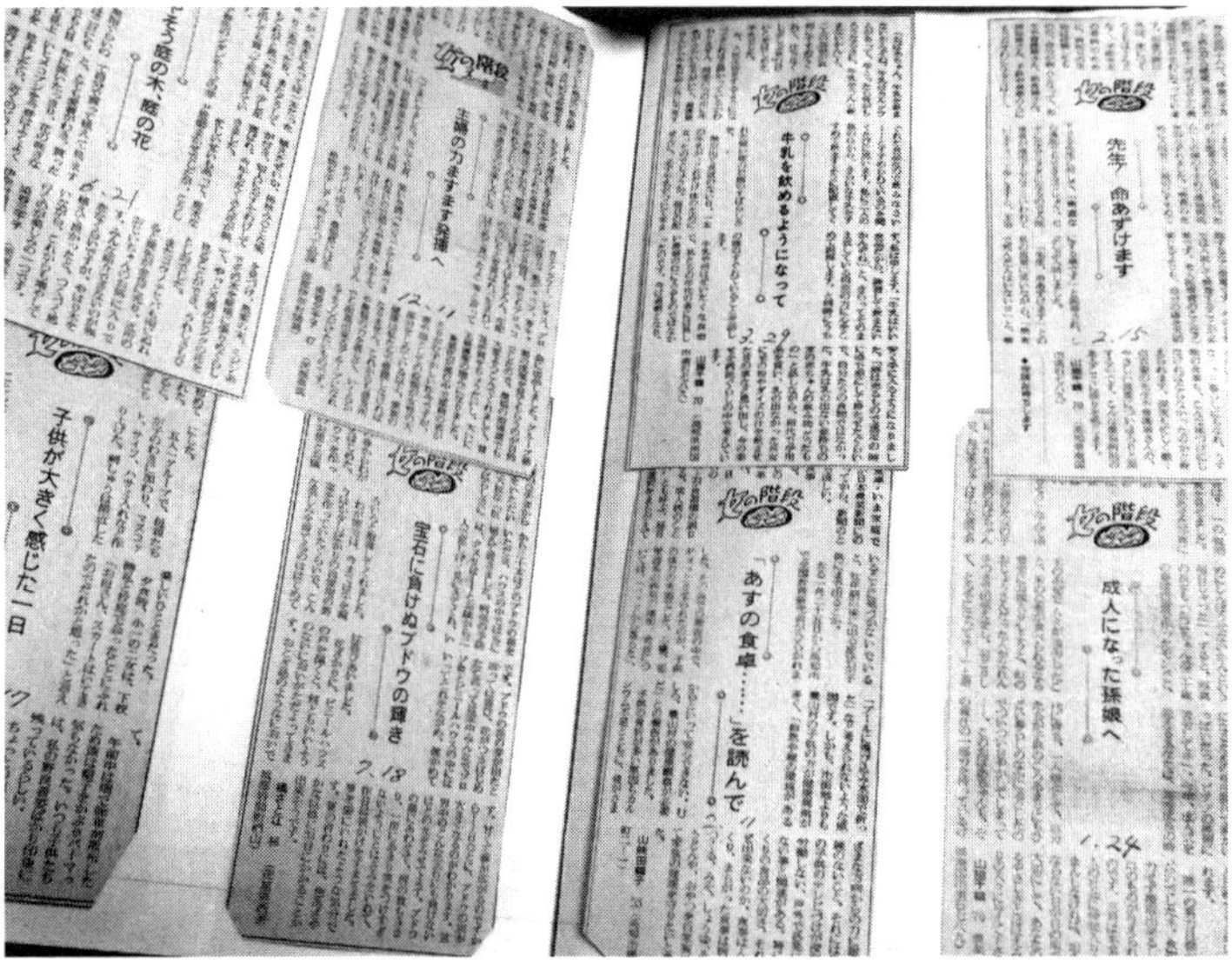

久美子さんによってきれいにスクラップされた切り抜き

くれ、母自身の人生を創ってきたのだと思います。

過疎地の山村に嫁ぎ三人の子供を産み、新潟県の職員として働かせてもらっていますが、母にとっていくつになっても私は子供です。大先輩の体験がぎっしり詰まった「励まし励まされて二〇年」や「回覧ノート三〇年記念誌」などを贈ってくれました。皆さんの登られた女の階段を指針にして私なりの女の階段を一段ずつ上っていきたいと思っています。

（『「女の階段」四〇年記念誌』、二〇〇六年、八七頁）


娘の久美子は、今、特別支援学校で栄養教師をしています。十歳の頃からいつも「女の階段」などの新聞記事をスクラップしてくれていました。娘は生活改良普及員になりたかったのですが、そのときには採用がなくて、県の公務員になりました。

久美子さんが母のために作ったスクラップの山。地域別、年代別に整理されている

あのころは、いつも新聞を開くと、投稿文と書いた人の名前に吸い込まれるように目がいったものです。当時の投稿欄にはそんなエネルギーが溢れていました。最初の集会で、そうやって文章を通して名前を知っていた仲間と初めて直接会えたことに、本当に感激しました。

井上トシ子さん（故人）、永井民枝さん、芥川恵子さん、一まわり違う洋子ちゃん（佐藤洋子さん）……みんなすごい人ばかりです。だから、私も頑張ろうと思いました。皆とは今も電話で話したり会ったりしています。その頃、考えたこと、書きつづったこと、交流すべてが宝物です。

丸岡秀子さんから学んだこと

皆、丸岡先生の薫陶を受けながら育ちました。先生の論説は新聞で読んでいましたが、集会で、政治に対しても目を向けようという呼びかけを聴いたことは衝撃的でした。丸岡先生の、「生きるということはただご飯を食べていることをいうのではない。書くこと、音楽を聴くこと、人と話して感動すること、そういうことが生きること」という話を聞いて、ハッとしました。そういうことを渇望していたからだと思います。食べて働いて、そういう毎日が当たり前だと思っていた時に、「本を読み、文章を書き、そうやって自分を確かめることが生きることなのだ」と、そういう話にとても惹きつけられました。くじけそうになった時も、しっかり生きていかねばならないと思い直したりもしました。そうやって、私も文章を書き始めました。最初は、昭和五十一年に『産経新聞』が募集したエッセイに応募して選ばれて、東京での授賞式のあと、施政権返還四年目を迎えた沖縄への旅行に招待され、生まれて初

仲間と。右端が佐藤さん、丸岡秀子さんの生まれ故郷長野県臼田町の稲荷山にある記念碑には「読むこと、書くこと、行うこと、秀子」と刻まれている。

めて飛行機に乗りました。

『読売新聞』で募集していた「母たちの昭和史」にも応募して選ばれました。書くということも丸岡先生と巡り合わなかったら始めなかったかもしれません。

――初めて回覧ノートが家に届いた時、夜中の十二時から読み始めて気がついたら朝だったという記述があります。

日本の農村の女性はみんな友達がいなかったのよ。みんなが「とにかく何かをやりたいんだけど、それが何かわからない」っている焦りを持っていました。専業農家の女性は、外へ出て働いているわけじゃないでしょ。だからいわば社会との関わりが断たれている状態で、つながりが欲しいと思って、もがいていたんだと思う。……

「回覧ノート」を見ただけで荒れすさんでいた心が穏やかになった。家族にやさしくなれた。

(四〇年記念座談会「女性の地位向上へ」、『女の階段』四〇年記念誌』、四二―四三頁)

そのころ、それだけ自分が暗い所に閉じ込められていたような感覚で暮らしていたということではないでしょうか。「新潟でも回覧ノートを回してみんなでやりましょう」と呼びかけたら、たくさんの仲間がその呼びかけに応えてくれました。みんな同じ思いだったのです。私もみんなも、ものすごくそういう繋がりに飢えていたのだと思います。和恵が書いているように、私たちの時代、「女の階段」の全国集会で東京に出るのでも人目を気にしたほどでした。

――姑さんが、夫が抑えるというより、村社会の中での生きづらさが言動を抑制させる。そういうことですね。

東京の集会には、村の人に隠れて行ったのよ。それが村社会の難しいところで、自分だけが抜き出て何かやろうとすれば、あの人は私たちと違うから付き合えないといわれます。もしくはいわれそうな気がするわけです。そうなれば自分も生きづらくなる気がします。今でも、そういうバランスを気にしながら生きているのに変わりはありません。村の中では平坦に生きたいと思ってしまいます。「あんた、新聞に出てたよ」と声をかけられても、その時には深入りせずにすぐに話題をそらしてしまう。いま思えば村の中での仲間づくりの絶好のチャンスだったのに、一歩踏み出せない自分の態度に自分自身苛立つこともありました。

全国の友人は、いわゆる自分の村の人ではないから、本音で喋れるのだと思います。村の中では、TPPだとか、安倍さんがどうこうといった政治の話はできないけれど、一年に二回の「こしじ」の集まりではTPPの話もできます。

その時の仲間とは今でも行き来が続いています。そういう仲間は本当に同志、自分を成長させてくれる大切な存在です。

平成二年にはじめた「モーちゃんの無人野菜直売所」も、仲間がやっているのを聞いて、そこを見に行って帰って来てすぐにやり始めました。「モーちゃん」の貯金通帳を別に作ってそっちに積み立てるよう進言してくれる先輩もいて、実はそのお金で和恵と一緒にタイに行ったのです。

――減反に対して、酪農大学の通信教育生となってこれに立ち向かったと丸岡先生が書いています。

その上、簿記の勉強もなさったのですね。

学びを通して

佐藤幸子

私は、まず酪農の基礎から学ぼうと酪農大学の通信教育生となった。夕食後、教科書を広げ、鉛筆を握りレポートをまとめ……日記を書き始めたのもこのころである。

四四年、我が家は酪農の規模拡大を計った。農協の近代化資金の利用に伴い、記帳の必要性を知り、夜間簿記学校に入校した。

(丸岡秀子編『女の言い分』日本経済評論社、一九八一年、四〇―四一頁より抜粋)

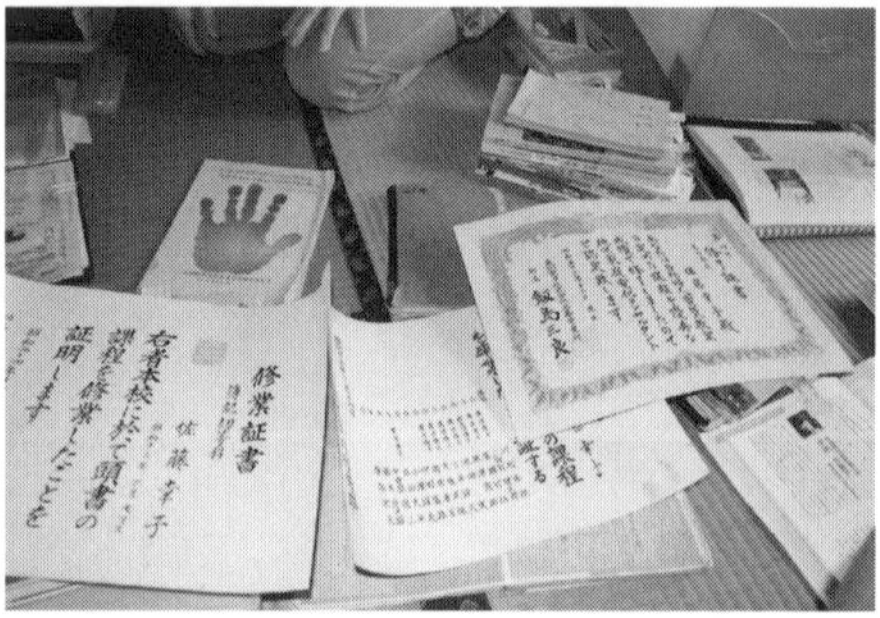

佐藤幸子さんが手にした数々の修了証書

生命を脅かす原発は必要か

佐藤幸子

私は、原子力に対して専門的な知識など少しも持ち合わせておりませんが、三年前、東京電力福島第一、第二原子力発電所を見学して以来、原発に対する恐れを捨て切れません。

私たち見学者を前に、技術者たちは、原子力は石油に代わる貴重なエネルギーであることを説き、さらに放射性物質の危険性には万全を期していることを力説されました。そのあと「マッチが世に出始めたころ、摩擦で火が出る危険なものとしてその使用に猛烈に反対した者がいました。原発もそれと同じなんですよ……」と、なんとなく小バカにされたような言葉が忘れられません。

「安全、安全」と力説される一方で、驚くほどに厳重な制御室、そこに働く人たちの重々しい身体検査の実態を見せられ、かえって不安を覚えました。多くの人の不安と疑問をよそに、新潟県下では東京電力と東北電力によって原発建設が進められていますが、人間の生命を脅かす原発は本当に必要なのでしょうか

（「女の階段」投稿、『日本農業新聞』一九八一年五月十三日付）

一九七〇年代後半、世の中は原発推進という時代で、タダで見学に連れて行くと言われて、東電のバスで福島の原発施設に見学にいきました。電気教室も開催されていたし、柏崎原発にも幾度も行ってみました。でも、帰りのバスでは「こう、安全だ、安全だ、と言われるとかえって心配になる」とみんなで話していたのです。結局、その時の不安が本当になってしまいました。勉強会といえば、一九七九年には農業改良普及センターが開催した「豊かな村づくり教室」にも参加しました。夜間の簿記学校にも通いました。夜の簿記学校にいくときは、体の弱い姑がおにぎりを作ってくれました。

――〝母ちゃんの畑〟の地産地消という題名で書かれている自分名義の土地の話を聞かせてくださ

い。

“母ちゃんの畑”の地産地消

佐藤幸子　六十五歳

平成二年の春、私の頭の中にはまだ、「地産地消」なる言葉がインプットされていなかったが、回覧ノートの友に触発され、わが家の牛舎の前に野菜を並べ「モーちゃんの野菜直売所」を開設させた。私は二十年目に今は亡き義父から五アールの土地を買ってもらい、私名義にした。その土地を家族は「母ちゃんの畑」と呼んでいる。たった一つの私の財産ともいうべき母ちゃんの畑をいとおしみながら作物を育て、収穫できた野菜を「モーちゃんの直売所」で売って十三年の歳月が流れた。

スタート当時は、家で余った野菜を並べて金に換える、ぐらいの軽い気持ちでもよかったけれど、今は、輸入農産物の増加、流通の多様化、消費者ニーズの変化などで、アンテナを四方に巡らせる細やかな情報発信が求められている。七年前、直売所の利益でお風呂をジャグジーバスにし「搾りたて牛乳のみ放題つき入浴サービス」などと、お風呂に招待し、裸のつき合いでそのときどきの問題を語り交流を深めている。私の目指す地産地消とは、ただ単に地元の物を食べることだけでなく、命、健康、食文化など生と消の人と人とが向き合う大切な場であると信じ、今後も肩を張らず、自分なりに取り組んでいきたいと思っている。皆さん機会があったら、わが家のジャグジーバスに入りにきませんか。

（『女の階段』手記集』第十集、二〇〇〇年、一二六―一二七頁）

私はここで長く働いて、この家の財産を作りあげて来たのに、財布が譲られたのは十五年も経ってから、しかも、二十年以上働いてきたのに、私には財産一つ、それこそ何もないことに納得がいかなかったのです。それが、夫の弟が家を新築したときに夫婦共同の名義にしたことを聞いて、この機会だと決心して、舅に談判して五アールの自分名義の畑をもたせてもらいました。そこで作った野菜を「モーちゃんの直売所」で売りました。今もそこで芋などを作っています。

――今、改めてご家族のことをどう思いますか？

私がこの家に来た時は姑とその母の三世代夫婦同居でした。いつも笑って暮らしたわけではありませんが、こうして五人を送った今、大変だったなという気持ちはもう消えています。それよりも残るのは心の触れ合いの記憶でしょうか。簿記の学校に行っているときは体が弱い姑が一生懸命おにぎりを作ってくれたとか、そういうことしか思い出せません。

もし、来世があるならば、祖父母夫婦、姑夫婦、夫、逝ってしまった五人と必ず縁《えにし》を結びたいと思います。

――今の女の階段に、かつてのような魅力を感じないという声もあります。佐藤さんも、四〇周年記念誌でそのことにふれていますね。

「女の階段」がつまらなくなっている、魅力がない、と耳にすることがあります。そんな時、ふっと「女の階段」の先行きに一抹の不安を感じてしまいます。

今の時代、考えてもどうしようもないほど問題が大きくなりすぎて、かえって問題の所在をつかみにくくなっているのではないかと思います。問題の規模はよりグローバルになっていて、その反面、この集落に目を転じればそこここに耕作放棄地が広がります。和恵と「ここも限界農業、限界集落だね」なんて話している位です。どこから手をつけて、どう変えていけばいいのか、みんなわからないほど問題が拡大し、深刻化しているのではないでしょうか。

今の若い人たちだって、私たちの世代以上に悩みがあるのかもしれません。それに、兼業が多くなっているので、農家以外の人間関係の方が主流になるでしょうし、時代が変わったことを実感しています。

ただ、今の農村では、空き家も増えているし、結婚相手がいないという悩みもあります。農業が限界にきている中で、昔以上の悩みがあるはずだと思うのですが。

――佐藤さんのお宅ではこうして後継者がおられますね。酪農家としてずっと農政を見てこられて、今の農政をどう思われますか。

こうやって息子たちが酪農を継いでくれたのはありがたかったのですが、昨今の酪農事情を考えると、果たしてこの夫婦二人が、酪農を継いだことをどう思っているのか、偽りのない真意を知りたいと思うことがあります。

かつては、多頭飼いに転換せよと言われていました。政府も奨励金まで出していたこともあったのに、一九八二年になると、突然、牛乳が余剰になったので今度は減らせという……私たちの世代もそうですが、そういう農政の中で息子たちは本当によく頑張っていると思います。この地域全体がそうです。この地域でも、みんな農外収入で生活しているのが実態です。「ああ、今年はあそこの畑が雑草だらけになった。あちらの畑もアワダチ草」と、そういう田畑をみると、本当に他人事ではなく心が痛みます。

戦後七十年、小作―地主の関係がなくなって、増産、そして減反と、農業をめぐる環境の変化はずいぶんめまぐるしいものがありました。そんな中でずっと磨き続けてきたコメづくりの技術さえ消えてしまいそうなほど、日本の農業は危機的な状況にあると思います。あちこちの田畑が雑草だらけになっています。苦労して土地を手に入れて、これでやっと一人前になったと嬉しそうに話されていた先達の姿が頭の中をよぎっていきます。それから数年したら後継者もなく耕作放棄地になる、これまでそういう姿をいくつもみてきました。それがやるせないのです。

――二十代の頃に思い描いた「老後の夢」という文章を書かれていますが……農業や子育てや、やりくりから解放された現在、新たな夢は？

子に託すのは間違いか

佐藤幸子　四十一歳（新潟県三条市）

気持の上ではいつも若く、二十歳の頃と少しも変わっていないつもりなのに、世の男性諸氏の口から「女の三十路には色気もあるけど、四十女は婆の……」という言葉がよく出る。そんな男の勝手な言葉に反発しながらも、〝老い〟の部類におしやられ、老後を考えずにはいられない昨今です。

二十代の頃に空想した私の老後は、子育て、農作業、やりくりなどの重みから解放された楽園のような暮らしであり、その域に達することだけを夢みていました。

ところが今その楽園への道づけをする年代に達し、あの頃には想像もしなかった老化現象をこの身に受けとめねばならず、楽園への道の険しさに不安を感じます。

幸せな老後の条件にはいくつかあるでしょうが、その中の経済問題一つ考えても農家の主婦の多くは何んの確約もない不安定な立場でもくもくと働いていると思います。

私にしても嫁いで二十二年、健康体にものいわせてがむしゃらに働き、暮らしを築いてきた努力はだれもが認めてくれるけど、老後の安定につながる財産など何も与えられていません。

「老後の暮らしを子どもに頼ってはいけないよ」とよく聞かされるけど、何んの経済的保障も持たない年寄りが自分の老後を子どもに託すのは本当に間違いであるのかを考え続け、その答えの出るのが私の老後だと思っています。

（『「女の階段」手記集』第二集、一九七九年、七八―七九頁）

実は、登下校のときに二人、三人と牛舎に立ち寄り、牛をなでたり、放し飼いのチャボを追っかけたりしている子どもたちのために、実現したいと思っていて実現できなかった私の夢です。本を読めるスペースを作ってあげたい、図書館ではありませんが、子どもたちが座って本が読める場所をね。そう思っていたら、今度は子どもそのものがいなくなってしまいました。近くにある小学校は、今、三条市で一番小さい学校になってしまいました。一学年三人しかこどもがいないのでは、そして、その学校も無くなるかもしれないとまで言われているのですから、もう私の夢を実現することはできません。

「モーちゃんの販売所（直売所）」には、昔は野菜も置いていましたが、今は牛糞堆肥だけを置いています。子どもが少なくなって、私もそうですが、そんなに量が食べられない高齢者だけしかいないでしょ？　大型スーパーがこれだけたくさんできているのだから、もう直売所もいらないでしょう。

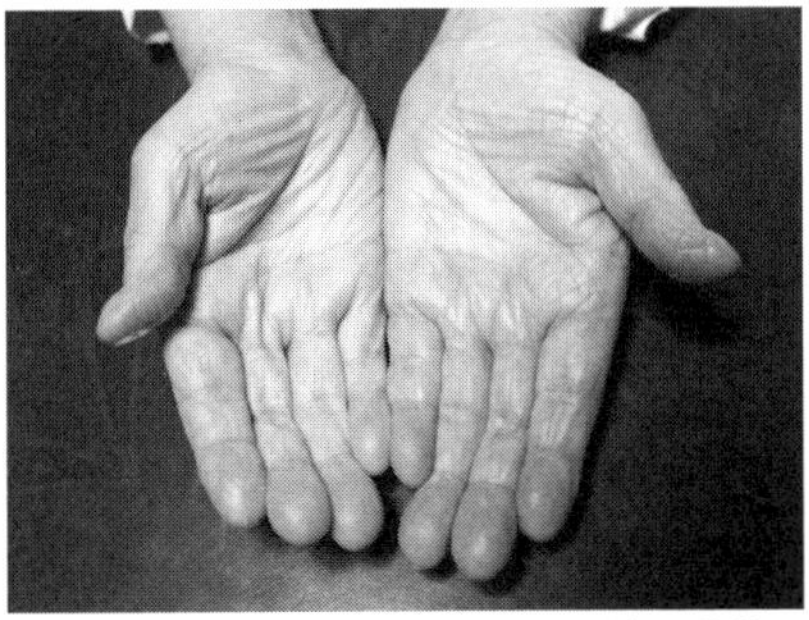
丸岡秀子さんが「これぞ働く農婦の手」と絶賛した佐藤さんの現在の手。

第四章　総合農政——転作奨励・減反の衝撃

一　総合農政への転換

1　輸入自由化と食料自給率の低下

日本はいつから輸入自由化への道を歩み始めたのか。

日本は、すでに敗戦直後から、アメリカ国内で供給過剰となっていた困りものの小麦をMSA協定締結によって大量に受け入れており、これにあわせて学校給食もすべてパン食で行われていた。安い小麦は日本の食生活を「米中心」から「パン中心」へと転換する一大要素となったと同時に、日本国内の小麦農家を一掃するだけの威力をもっていた。「当時日本では、秋に稲刈りが終わった水田に今度は麦の種をまき翌春に収穫をするという水田二毛作が全水田面積の六割ほどで行われ、麦類の生産は四百万トンほどあったが、安価なアメリカ小麦の流入で次第に作付けをあきらめ生産は急速に減少していった[*1]」。

敗戦直後のすべてを失った日本で、アメリカ産小麦やトウモロコシなど、飼料用作物を持続的に消費してくれる市場を確立させるというアメリカの計画は、アメリカの提案を受け入れることで多大な利益を得られる日本の産業界の支援を受け、見事に成功した。

アメリカの余剰農産物のはけ口を短期的にだけではなく長期にわたって確保出来る、このやり方は、「食料援助」という旗印を掲げながら進められた。しかし、これは別名ダンピング、すなわち生産価格よりも安く価格を設定し、外国に販売する行為でもある。アメリカから流入した安い小麦は、結局、日本の小麦農家を一掃し、以後、小麦の自給率を大きく引き下げながら現在に至っている。

食糧の輸入自由化路線は農業基本法によってさらに前進した。一九六二年にはまだ残留輸入制限品目は一〇三品目であったが、それが六三年には七十六品目へ、一九七〇年には五十八品目へと大幅に縮小する。一九六〇年には七五％だった穀物自給率は七〇年には四六％にまで下降した。低いながらも、穀物自給率が五割近くに維持されているのは、コメの自給率だけが一〇〇％を超える水準にあるからである。ちなみに、小麦は同期間で四三％から九％へと大幅に減少、大豆も二五％だったものがわずか四％にまで下降している。

一九七〇年の朝の食卓にも、六〇年代と変わらず納豆と味噌汁、ごはんが並んでいた。しかし、納豆や味噌、そして味噌汁の中身の麩も、その原材料のほとんどはすでにカナダかアメリカから輸入されたものに取って替わられていたのである。

自由化の波は防げないのか

小林ぎん子（長野県小県郡）

一個三百円のグレープフルーツをだれが食べたいと言ったのだろう――そうでなくてさえ物価高に頭をかかえこんでいる消費者の感情を刺激するような高価な物をなぜ店先に並べなければならないのか、近ごろぐんと値下がりしたバナナやパインが店いっぱいに黄金の座をしめ、ナシなどは片すみに色あせた顔を並べているような八百屋の店先に立って、農民なるがゆえに私は大きな抵抗を禁じ得ない。子供たちが「カシューナッツがほしい」と言う、「ラッカセイがあるでしょ、くるみもあるわよ」と言っても、どんな木になる実か知らないが、一個四円ほどもするあの小さな実は、子供たちにあこがれの味があるのか。

それがある時、マーケットで大バーゲンをやっていた。だれはばかる所なく税関の門から、なだれこんで来るようになったこうした輸入品の波は、知らぬ間に私たち農民の足元の砂までかきさらおうとしている。だれか手をつないでこの波を防ごうとする者は、いないのか。

さて、町の工場では黙ってわれわれに働く場を与えてくれた。働き好きな農民は、ここで懸命にある品物を作った。それは輸出品だったかもしれない。そして、それを輸出するためには、多くの農産物がまた輸入されなければならないのだ。農民自身墓穴を掘るとはこのことか。よく考えたら、こんなこっけいなことってあるだろうか。しかし、今それを考えようとする人はいない。いや、農民にはじっくり考えている暇なんかないのだ。

追いつめられた農民をよそに、今どこかではさらに農産物自由化の幅を広げようと、ひそかな打ち合わせが行われている。私たちが選び、私たちのためにと誓った首脳者たちが。働きに働くだけでなく、私たちは、もっと何かを、何かを考えてみなければならないのではなかろうか。〝信濃路ノート〟、先日私のところを通過しました。

（「女の階段」投稿、『日本農業新聞』一九七一年十一月四日付）

2　コメ余剰の背景

一九六七年、東京都に革新都政が誕生したこの年、「女の階段」が初めて『日本農業新聞』紙上に登場した。一四四五万トンという史上最高のコメの収穫を得て、農村では豊作の年を迎えていた。収穫量の増大には、戦後の食糧増産政策を背景にした機械化の進展、農薬、肥料の投入による技術革新が大きく寄与した。一〇アールあたりの投下労働量は一九六〇年で一七三時間だったものが一九七〇年には一一八時間に大きく減少した。供給されるコメの量が増大したこともあるが、高米価で農家の所得は大きく上昇し、四〇―九九人規模の製造業の賃金水準に近づいたこともまた、農家のコメ生産を刺激した。

一方で、食管制度のもとで政府が買い入れたコメのうち、一九六五年には五万トンが余剰米となって保管されていた。この余剰米（政府米在庫量）は一九六九年には五五三万トンと急増し、一九七〇年には七二〇万トンに達した。[*2]政府は、これを所得が向上し、これを食の多様化が進み、それが「米だけの日本型食生活」からの脱却をもたらしたためと説明した。

図7　米麦価の推移（正味60kg当たり、円）

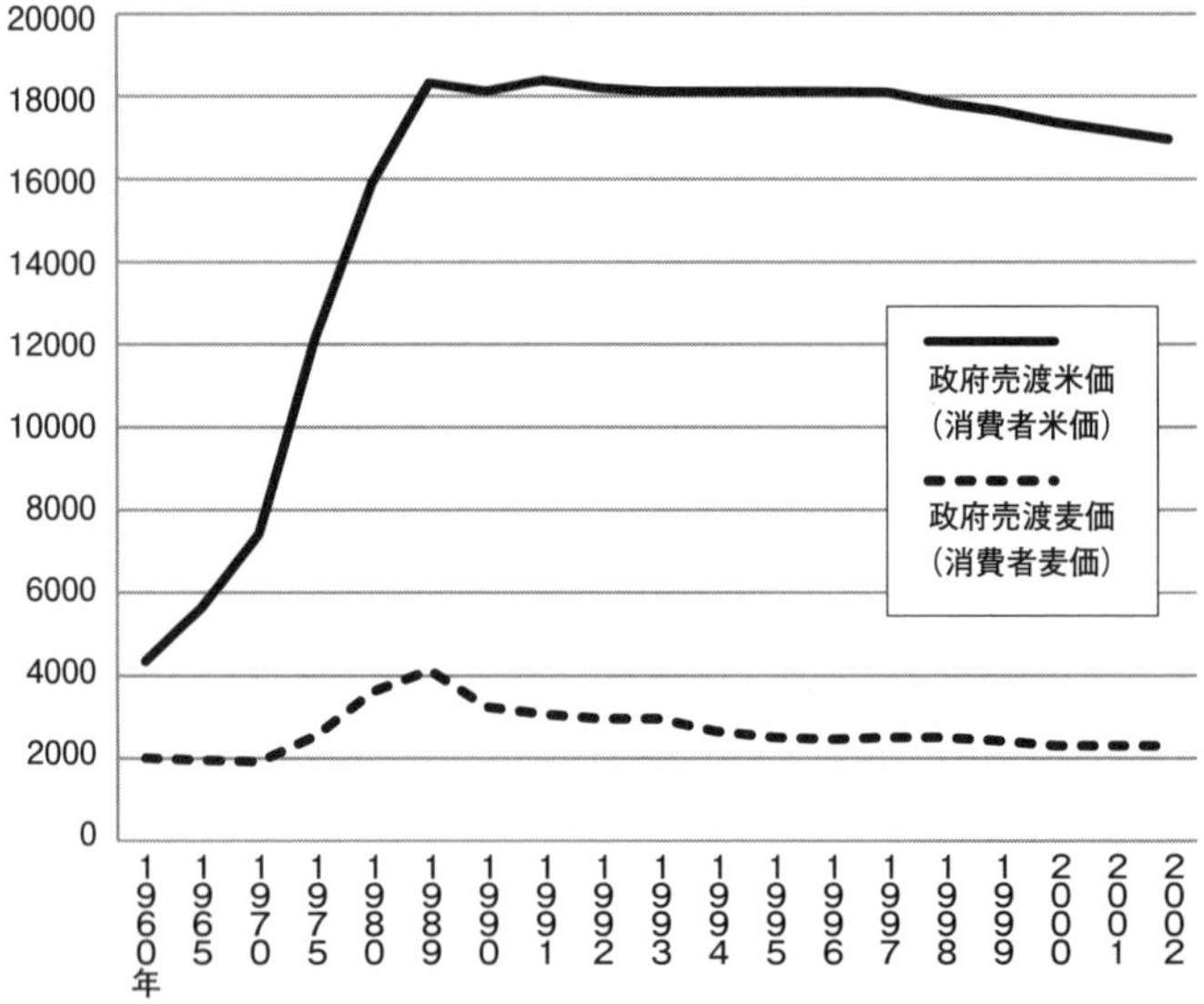

出典：農水省「米麦価に関する資料」、2003年。

確かに、経済成長と共に、おのずと肉食の機会が増えることは想像に難くない。とはいえ、肉食の増加がコメ離れに直結するわけではない。むしろ、次の二点に着目すべきであろう。

第一に、「米よりパンを」のキャッチフレーズで戦後直後にアメリカの肝いりで進められたパン食の普及である。学校給食の現場ではパンと脱脂粉乳が提供され、フライパンと牛肉、パンを積んだキッチンカーが農村の山奥にまで入り込んで「米ばかりをたべていると頭が悪くなる」といった言説を振りまいた。新生活運動ではパン焼き釜の導入が生活の「合理化」「近代化」の一つとされ、忙しい農家の食生活改善の一環としてパン食が導入された。これらの日米政府肝いりのパン食導入はアメリカの過剰農産物の恒久的な消費市場を作り上げることに成功したのである。

第二に、こういった宣伝よりも強力な「コメからパンへ」の移行を促進してきたものは麦価と米価の著しい価格格差である（図7）。

米の政府売渡価格にくらべ、そのほとんどを輸入している小麦に関しては、政府売渡価格は著しく安く、その価格は低位のままほぼ横ばい状態で推移しており、その結果、米価に比べて麦価が極めて低水準に抑えられてきた。このような価格格差の拡大が、国内産の小麦生産を衰退させ、外食産業や加工産業に「コメより麦」の選択を促し、日本人の食生活を小麦中心へと変化させていくことに大いに貢献したと考えられるのである。

また、コメを含めた農産物に対する輸入圧力は、日本の財界にとっても好都合だった。

日本では一九六五年に初めて貿易収支が黒字に転じて以降、アメリカからは自由貿易の促進が強く求められるようになっていた。このころの日本の重化学工業の勢いはすさまじく、「全世界で新たに進水した大型船舶の半分までをも生産していた」[*3]。日本の産業構造が軽工業から重工業へ、そして重化学工業へと移り変わっていく中で、産業構造の移り変わりに呼応するように、一九五〇年代から繊維や鉄鋼、カラーテレビ等の家電製品が次々と日米間の貿易摩擦を引き起こしてきた経緯があり、アメリカはその都度、日本側に強力な輸入圧力をかけてきたのであった。

日本の財界は、こうした日本の輸出型産業に対する諸外国からの批判に対して、農産物市場の開放という条件を差し出すことで、一方では農業大国でもあるアメリカからの批判をかわし、同時に、工業部門に比べれば当然生産性が低い農業部門を切り捨て、「外圧」をテコに農業保護からの離脱を進めようとしたのである。

このような情勢を背景に、「自由貿易の流れは変えられない」、「日本農業は生産性が低く、補助金に頼っている怠け者産業である」「大規模化でアメリカやニュージーランドの農業と競争できる基礎体力をつけなければならない」といった意見が農家に突きつけられた。首相自らが消費者保護を盾に輸入自由化を促進するよう働きかける中で、[*4]全日本農業協同組合中央会（全中）は、一九七九年四月十八日にこうした一連の農業批判に対して「(1) 対外経済摩擦を農産物の輸入拡大で解消しようというやり方は農業に犠牲をしいるもの (2) 農産物の輸入自由化や価格引き下げは農業を破壊する (3) 宅地の値上がりは農家のせいではない」との見解を改めて示さなければならなかった。[*5]

資本にとっては、すでに始まっている海外勢との市場をめぐる闘争に勝利することがすべてであった。海外から求められている「規制緩和」や「輸入自由化」は、日本の企業がより一層生産性を高め、競争力をつけていくために有効なものであった。

農林水産物の輸入制限品目については、すでに一九七一年の時点で約九五％までが自由化されていたが、ゆくゆくは農産物市場を完全に自由化することが求められていた。安い原料を確保することが可能な農産物輸入自由化は日本の企業にとってもありがたい話であった。現に、一九七二年に日本を訪れたアメリカの農業団体が日米経済協議会に対して段階的に農産物輸入の自由化を進めるべきと主張し、日本側も「共存可能」で一致していたのである。[*6]

3　農業保護か自由化か

実際には、すでに早くからアメリカと日本の財界が求める自由貿易路線の前に、農家と政府・財界との間の一定の妥協は徐々に侵食され始めていた。六〇年の基本農政以降、農政の基本に据えられてきた「担い手となる農家を残し、零細農家は整理し、農地の工業用地やインフラ等への転用を進める」動きは、自由貿易を前提としたものであり、七〇年以降の総合農政はこれをさらに徹底させるためのものであった。

日本の農業は、この時すでに政治的自律性を失い、農林族議員と自由貿易を推進する財界の利益を代表する議員との間のパワーバランスに翻弄される存在となっていた。当時の農林省はなんとか国内自給水準の維持ができればと思っていたには違いないが、財界は、膨張する食管赤字をはじめとする各種補助金のための支出をこれ以上容認する気はなかった。生産性という視点から見れば、工業部門におけるよりもはるかに非効率な農業を保持するよりも、アメリカや、オーストラリアなど、いわゆるケアンズグループといわれる大陸型の巨大農場で生産される農産物を輸入したほうがよほど効率的である。

財界は幾度となく食管法について見直しや廃止の提言を突きつけた。すでに一九六八年には経団連が自ら農政のあり方を示すべく動くことを宣言していたほか、経済同友会も生産者米価の引き下げを政府に直接要求するなど、財界が本格的に農業の「合理化」を進めようとする動きが活発化していた。財界が本腰を入れるようになったのは、高度経済成長期の人手不足を背景にした賃金上昇に対して食料価格の低下を通じて賃上げ圧力を抑制すること、食管制度をはじめ、農家保護のための補助金等への歳出を削減すること、そして輸入自由化の促進による低廉で大量の加工原材料等の確保といった目的をもっていたからであり、工業製品の輸出に対する外圧を農産物市場へと向けさせるためでもあった。

政府もアメリカと財界の意向を受け、農政の転換をはかってきた。たとえば、一九六一年の「農業基本法」では、一方では輸入自由化を進めながら、この輸入農産物に抵触しない形で国内自給を高めるために、高度経済成長で需要が伸びると予想され、しかも輸入農産物と競合しないで済む果樹栽培と畜産が選ばれ、その生産が奨励された。そのために、「農業近代化資金融通法」をはじめとする経営の近代化促進のための制度が作られるとともに、具体的に果樹農業と畜産、野菜生産に焦点を当てた「加工原料乳生産者補給金等暫定措置法」や「野菜生産出荷安定法」など、各種の法的枠組みと制度が作られた。

制度を利用して、稲作から酪農や果樹栽培に事業を拡大する農家も増えた。しかし、それも、のちに牛肉・オレンジの輸入自由化によって苦境に立たされることとなる。

4 農家の怒り

工業製品を輸出し、アメリカの貿易赤字を増大させたその見返りに、貿易赤字の原因を作った製造業ではなく、日本の農業を差し出すことが求められ、唯々諾々とこれを受容した政府の姿勢に農家女性たちは怒りをあらわにした。農家女性たちは食糧難の時代、主食としての米を生産するために、戦争ですっかり荒れ果てた大地を耕し、苦労して新たに山肌を開墾した。強制供出で四十二万人(一九四八年一年間のみの数字)もの農民が不供出罪の罪を着せられ、米を取り上げられた上に、小作料に相当する高率の税負担を生き抜いたのである。その苦難の時代を経験した女性たちは、この頃に五十代を迎え、生産者としては熟練の技術で農業を支え、同時に、「女の階段」を通じて、読者である農家女性たちのリーダーとして次世代を牽引する立場にあった。その女性たちが怒っていた。

とにかく主食を作れといわれ、農家にコメ生産に特化させ、大量の労働力と土地改良のための資金を投入したにもかかわらず、今度はコメをこれ以上作るなといわれる。飼料穀物や麦、大豆の在庫を抱えて困っていたアメリカを助けるために、輸入飼料作物を大量消費できる酪農が促進されたにもかかわらず、今度はそれを縮小せよという。補助金を出すからコメをどんどん作れ、牛をどんどん増やせと言っておいて、今度は急にもう作るな、もう牛乳を出させるなという。冗談ではない、農業は生きもの相手、機械を相手にしているのではない。稲作農家が、酪農家が、怒っていた。

「牛乳生産を増やせ」と言われて国の方針にしたがってここまでやってきたのに、それからわずか十年も経たないうちに、今度は牛乳が余ったから牛の頭数を減らせという理不尽さに対して女性たちは怒り、慟哭したのである。

急に増やせない牛乳生産

橘さと江（茨城県）

作業の手をやすめ、スイッチを切るだけで、生産の止まるものではないのです。……動物が相手なのですから。……生まれた子牛が搾れるようになるには三年かかるのです。牛乳が余っているから乳の搾れる牛を減らせといって、減らしてしまったら、急に足りないということになった時、これまたそんなに急に増やせる物でもないと思います。

(『「女の階段」手記集』第三集、一九八二年、一一二頁)

地獄へゆく政治家たち

佐藤幸子(新潟県)

今わたしの手もとに、十年前に載いた一枚の表彰状があります。

「あなた方御夫婦は昭和四十五年度において頭書の乳量を出荷(県下で十二番目の生産量)され新潟県酪農振興に寄与されました。今後さらに酪農発展に尽くされんことを、祈念し、生乳多量出荷規定により記念品を添えて表彰いたします」。昭和四十六年七月二日。

結婚して十三年間、失敗にめげず、牛飼いの努力が認められて、おもはゆい表彰状を載き、素直に喜んだのが、つい昨日の出来ごとに思えるのに、その表彰状の文面が十年後の今、時代の証言ともいうべき存在になってしまいました。

わずか十年前、多頭化奨励金などと、乳牛の頭数を増やす農家に金まで出し、規模拡大に取り組ませた政治家が、今は「牛乳が余るから乳牛の頭数を減らせ……」との通達をしている。

前年度出荷実績の一〇三%以上の生乳はカットされ、通達以上の出荷乳はただ同然に処分されてしまうのです。自分の手で育てた牛は可愛いけれど、所せん経済動物であって見れば、赤字を承知で飼い続けるわけにもゆかず、飼い主を信じきって鼻をすりよせてくる牛をト場ゆきのトラックに積まねばならぬせつなさ……。「ごめんね、何んの罪もないお前たち（牛）の生命（いのち）を縮める私たち、地獄へ行かされても仕方がないナ」とわびています。そして机の上で、自分たちの尺度で〝舌先三寸〟の農政を作り出している政治家は、もっと厳しい地獄に落ちてゆくんじゃないだろうかと思うのです。

（同前、二一一頁）

5　生産者対消費者？

一方、消費者団体である主婦連は、消費者米価の引き上げは生産者米価の引き上げのせいであり、生産者米価を引き下げるか据え置くべきと主張した。主婦連だけにとどまらず、多くの消費者が、所得パリティの算定基準が割り出した米価に加えて、農家を票田と考える自民党の、俗に言うところの「農林族議員」らの政治的圧力が強く働き、「つかみガネ」といわれる政治加算が米価に積み増しされていることを激しく非難したのである。

九月八日に政府から消費者米価の値上げ発表が公表されると、翌九日には「消費者米価値上げ反対国民総決起大会」が開かれ、二万人がこれに参加した。

賃金は上昇を続けていたが、消費者物価のほうも対前年比で一九六九年度には六・四％、一九七〇年度には七・三％、まだ石油危機前であったにもかかわらず、七三年度には、世界的な物価上昇を受けて、日本が輸入する繊維製品、飼料、食料品が高騰し、消費者物価も一一％以上の上昇をみることとなった。物価全体が上昇するという状況にあって、米価値上げ反対の声が消費者サイドから上がるのはごく自然なことのようにもみえる。

しかし、主婦連が食管制度にまで強硬に反対を唱える理由を、単なる「生活防衛・物価値上げ反対運動」の一環に過ぎないと受け止めるのは表面的解釈にすぎるだろう。そもそも、主婦連の初代会長奥むめおは、前述（本書四一―四二頁）のように、一九五〇年代、アメリカからの補助金と財界からの寄附で設立された日本生産性本部の消費者教育機関から生まれた組織、日本消費者協会の設立発起人の一人であったことをわすれてはなるまい。

食管制度をめぐる農家と政府の対立は、こうして消費者と生産者の対立に置き換えられ、消費者の声を代表する存在として消費者団体の意見がマスコミで連日取り上げられるようになった。生産者との連携を活動の基盤とする生協連は、生産者である農家の生活を考えれば生産者米価の引き上げもやむなしと考え、食管制度のもとでかさむ赤字部分は、国家の責任として補填し、消費者米価に反映させないよう、そこに集中して政府に要求を突きつけるべきであると主張した。また、地婦連は農家女性たちが会員の六割を占めていたこともあり、「静観」のままであった。しかし、主婦連、関西主婦連は過激に農家を攻撃した。[*7]

特に、関西主婦連会長の比嘉正子の言動は突出していた。比嘉正子は、一九六九年に開催された米価審議会で消費者の代表として委員を務めているおりに、減反に関して「減反で自殺者が出るか出ないかみてみましょう」と発言して、農民たちから罷免要求が突きつけられ、次期の委員からははずされた。[*8] 比嘉が敵対する相手は、生産者米価引き上げを訴える農民たちであった。この比嘉が率いる関西主婦連の動きは、生産者米価引き上げ闘争に対するアメリカと財界の姿勢と不思議なほど符合するものであった。

最終的には、全中はコメの生産調整に協力することを決定し、舞台は生産調整奨励金をめぐる交渉へと移っていった。[*9]

6　米価引き上げでも割に合わない

一九七五年、生産者米価が一四・四％引き上げられ、消費者米価については生産者米価の引き上げを上回る一九％の引き上げが決まった。生産者米価は、食管法にもとづく「所得パリティ」方式の生産者米価が約束していたはずの生産費と生活費補償が実行されるほど十分な水準とはいえなかった。なぜなら一九七三年に日本を襲ったオイルショックのせいで、それ以前から始まっていた景気後退が決定的なものとなったと同時に、不況下であるにもかかわらず石油価格の高騰で物価が高騰したからである（図8）。一九六〇年代の高度経済成長期を上回る一〇％以上の物価上昇が続き、いったん沈静化するかと思いきや、今度は一九七九年の第二次オイルショックで消費財全体の価格が高騰し、この物価高騰とものの不足に乗じた企業による「買い占め、もの隠し」が行われ、日本中が大混乱に陥った。農業用資材も生活費も高騰する中で、農家女性たちは節約を重ね、機械代の月賦払いをなんとかこなし、家計の切り盛りに追われていた。それなのに、都会の消費者たちが生産者米価の引き上げを非難する、このことを同じ消費者でもある農家女性たちはやるせない気持ちで見つめていた。

そもそも、消費者米価と生産者米価とは食管法上連動しないはずであった。生産者米価は、米の生産が持続的におこなわれることを目的に、生産費と農家が費やした労働時間に見合う所得補償分

図8　消費者物価上昇・下落率の長期推移

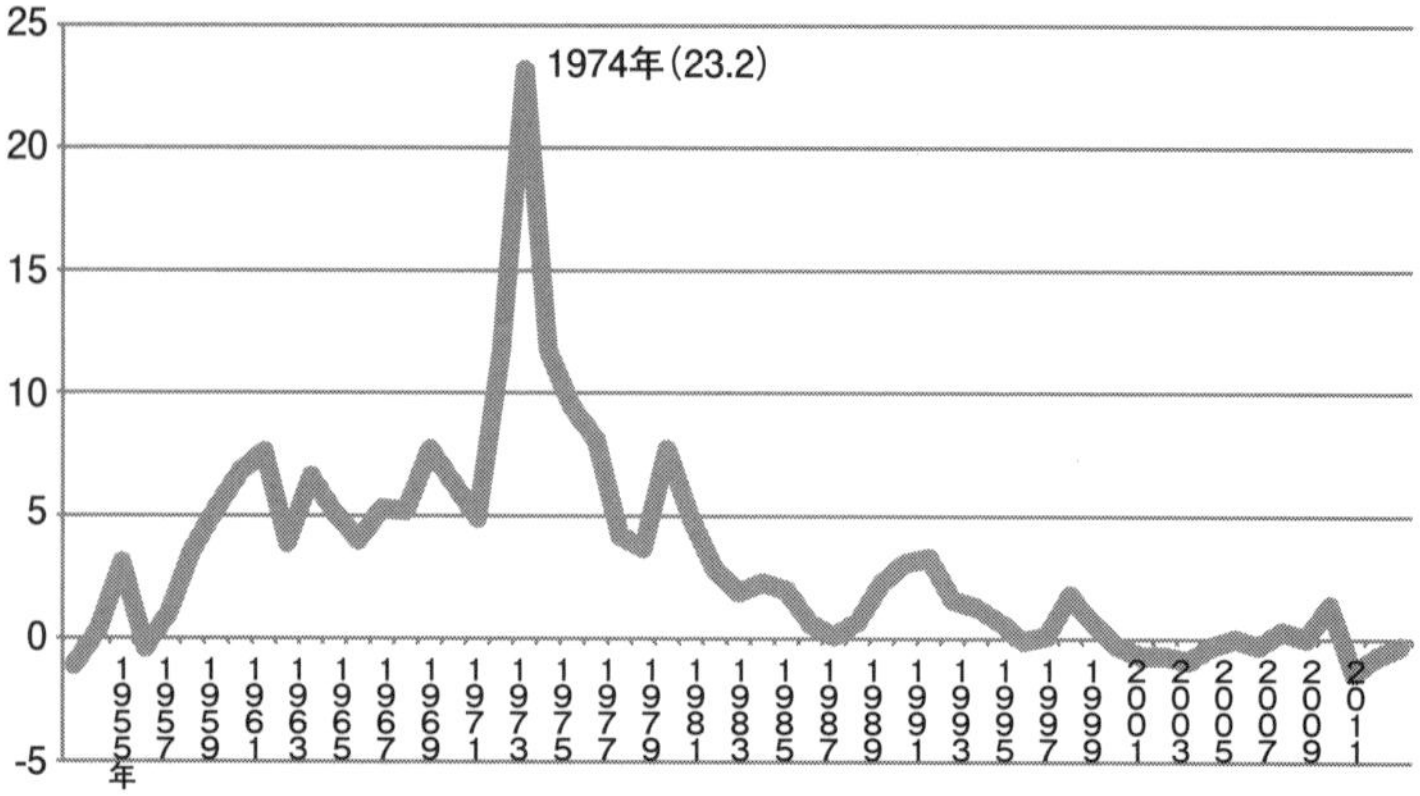

注：1969年以前の消費者物価指数は「持家の帰属家賃を除く総合」であり、2010年基準の総合指数とは接続しない。また、70年以前の上昇率は「持家の帰属家賃を除く総合」である。

出典：総務省「消費者物価指数」長期統計、2012年。

図9　コメの政府買入価格（生産者米価）および消費者米価の価格上昇（下降）率の推移（1960年＝100）

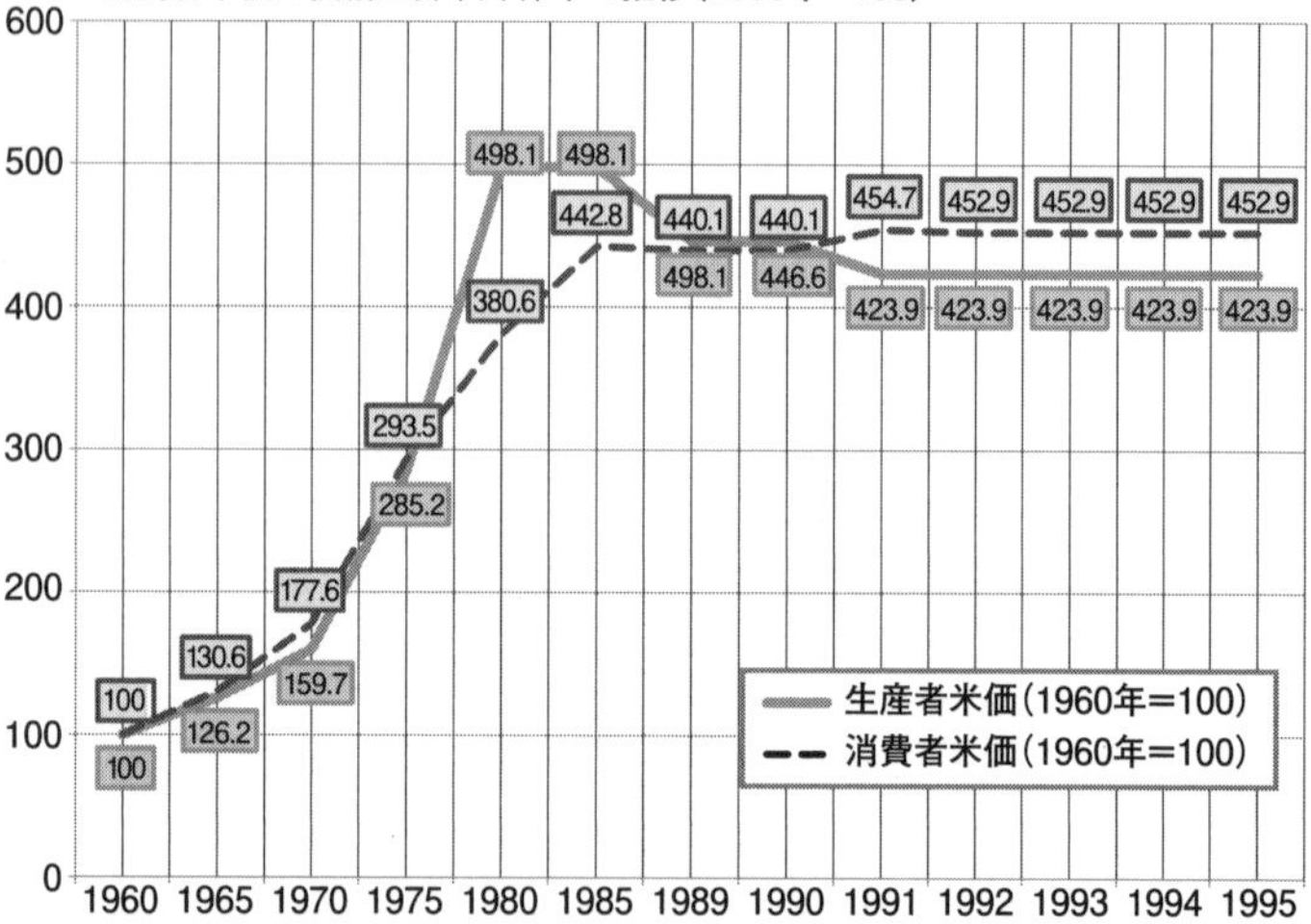

出典：農水省（当時は食糧庁が発行）「米価に関する資料」、1996 年より作成。

を組み込んで算定される。今でいう、フェア・トレードの考え方とよく似ている。一方、消費者米価は家計費を基準にその時の経済情勢を考慮して決定されることになっていた。

それぞれの米価の上昇（下降）率を示すと図9のようになる。原則からいえば、生産者米価も消費者物価上昇率を反映して決められることになるはずだが、生産者米価が消費者米価を上回ったのは、第二次オイルショックで再び七％台にまで物価が騰貴した八〇年代前半だけである。

政府が物価を鎮静化させたいのであれば、生協連がいみじくも訴えたように、生産者米価を物価上昇に合わせてフェアな価格で設定し、消費者米価の方は低く抑えるべきであり、両者の差額は国庫からの負担で乗り切ることが必要であった。にも関わらず、政府は消費者米価を引き上げたのであった。こうして、米価を媒介として生産者対消費者の構図が作り上げられた。そうすることで政府・財界は食管経費の削減を進めることができる上に、消費者米価上昇の責任を農家に押しつけることができた。そして、それは、政府が食管法そのものに手をつける口実にもなったわけである。

農家女性たちは、消費者を盾にした農家攻撃に対して当然ながら反論を行っている。農家と消費者の対立をあえて政府が煽っていることを女性たちは的確に見抜いていた。女性たちは、「農村のほうが都市部より生計費が安く済む」「高齢者の労働なので若者に比べると労働強度は低い」といった実態とはかけ離れた算定に異議を唱え、「一日一〇時間の長時間労働なのに」と反論している。稲作農家の給料ともいうべき生産者米価を巡る闘争は労働者が闘う春闘とおなじであるとの意見を寄せた農家女性もいる。一方で、農家女性たちは、世論が自分たち農家に敵対しているような、「やりきれない思い」を抱えていた。これから稲作はどうなるのか、こんなことで農業を続けていけるのか、そう自問自答を繰り替えしていた。

特集「米価への願い」「赤字は国の責任だ」食管法の「生活保障」ウソ(!?)（1）

「生産者米価を一三％まで低く抑えてでも、消費者米価は一八％と高く上げて、生産者と消費者を対立させようというんですね。同時諮問は阻止されたけど、数字をちらつかせているんですから、おまけに食管赤字を持ち出して、あたかも財政悪化を米価が作り出したみたいな世論づくりは許せません」。米どころ福島県相馬郡小高町の三浦トシさん（三十九）の怒りを込めた言葉が返ってきた。

三浦さんの家は、水田二・四ヘクタールと養豚百五十頭の専業農家。夫の勘次さん（四十二）とその両親、高校生二人の六人家族。米価へかける意気込みは、六人の生活すべてがかかっているからだ。「今のところ、豚が少し高値だから、なんとか息をついていますけど、えさ代も出ない時もあったんですからね」。

米作りは他の農産物のように価格の変動がないだけに、農民の〝位置〟を評価するバロメーターでもある。事実、食管法には「再生産の確保」つまり、生活と生産費の保障が明記されているのだから、農民とて頼りにしてきたことは確か。

トシさんは「私らね、食管法だってちゃんと読んでますからね。数字のマジックにごまかされないようにしなければと、若妻会で話し合ったんです」という。

その中で、共通しているのは、「私たちのそろばんではじいた数字が二万円なのに、春闘相場などというわけのわからない数字で一五％以下だったら、六〇キログラム四〇〇〇―五〇〇〇円も安くなるんですよ」。しっかり数字をもって反発する。

「ともかく、生活するには金がかかる――これがみんなの共通意見だったんです。どんなに節約しても決まって出るものが多すぎて、もう限界にきているとこぼすんですよ」。

出費が多い――その中でとくに共通しているのが教育費。「参考のために、うちの例を出してみます」と家計簿を見せてくれた。三浦さんの家では、高校一年と三年の姉弟がいる。二人の教育費が一月から五月までの月平均が二万九四五〇円。これは、食費（現金支出）月平均二万八九六〇円を上回っている。

約三万円の教育費の中身だが、これは決して特別のものではないという。子供の授業料、PTAなどの諸経費、交通費（バス代）、教科書代、小遣いなど、最低限の必要経費がぎっしり。高校は義務教育でないだけに、父兄負担がやたらに多い。例えば、学校に納める費用だけでも授業料（月一二〇〇円）その他を合わせると一人三三〇〇円。その他費用とはPTA、生徒会費、教育振興費など七項目もある。「授業料は昨年と同じだが、その他の費用は一〇〇〇円もプラスしてるんですよ」とトシさん。地方財政の厳しさは、教育費への圧迫として家庭にはね返っている。

「赤字は国の責任だ」食管法の「生活保障」ウソ(!?)（2）

米価算定の基礎となる労賃評価は、「都市より農村の方が安い」と、低く抑えられるが、農村は遠距離通学などを含むので、教育費は都市生活者以上にかさんでいることになる。また、一般の物価にしても今までは「地方の方がずっと安い」という〝原則〟が、ことごとく通用するとは限らなくなるのだ。

また、トシさんは「最近、みんな疲れると言うんですよ。すべての母ちゃんが〝オール・イライラ病〟にかかっているんじゃないかしら」。疲労とイライラ病——の理由は複雑。

どこの母ちゃんだって、団地婦人のようにのんびりしている人はいない。農閑期になれば、工場働きや土方仕事、化粧品などのセールスなどをやる。専業の場合は、養豚や野菜作りに骨身を削っている。「そんなにしてまで働いているのに、みんながみんな何か得体の知れない不安に取りつかれているんですよ。それが何であるか、みんながこれだ！と声張りあげては言えないけど、みんながやりきれなくなってることも確かです」。

豊作祝う村祭りまで奪った

トシさんの叫びはさらに続く。トシさんが嫁いだのが昭和三十一年。当時は二ヘクタールの水田だけで暮らしを立てていた。「豚を飼って、小遣い銭を取り始めて以来十五年になるが、年々増やした豚は、今では月々の生活費を支えるようになって、米の収入は肥料や機械代として大部分農協へ消えるようになった。それだけ生活が厳しくなったわけで母ちゃんの疲労やストレスは、そのことと無関係ではないように思います」。

さらに、その生活の厳しさは、豊作を祝った村の祭りや寄り合いなど、村の「和」までも奪ってしまった。「労力的にも精神的にも、これ以上、豚はふやせない。得体の知れない不安は、専業も兼業も同じ」とトシさん。

一方、最近は工場へ出ていた母ちゃんたちが、年齢制限や出勤日数が少ないと、首を切られた。「もうこうなったら、米と豚しかない。本気で百姓をやるしかないですよ」。トシさんはさらに「今年の米価スローガンは、一億人の命を支える――となっていますが、その前にまず、〝百姓の命を支える〟と言いたいですね。やっぱり岡山亮子さんの言う〝やる気の起きる米価〟――これこそ私たちが欲しいものです」

要求米価大会へ町、県、全国へと婦人の代表も送ったというトシさんたちの足元からの声は、底深い地響きを伴っていた。

（『日本農業新聞』一九七五年七月十一日付）

二　減反へ

1　生産調整（減反）と、再びの出稼ぎ増大

結局、農協は要求を受け入れ、生産調整にGOサインが出た。一九七〇年、生産調整の目標面積が市町村に割り当てられ、達成できない地域にはペナルティが課せられた。一九七六年には、再び大規模な減反が実施され、多くの農民から怒りの声が湧き上がった。国のモデル農村とされた干拓地秋田県大潟村の農民たちは、一九七六年五月十日、国を相手取って訴訟を起こした。すでに兼業化が進み、特に東北地方の農家のように出稼ぎ地帯となっていた地域では、こうした減反の説明会

さえ開催できず、わざわざ出稼ぎ先の東京などに出向いて行った。それほどに、農村から男たちの姿が消えていたのである。*10

上層農なら多少は転作で減反を乗り越える余力はあっただろうが、すでに出稼ぎが常態化していた東北や北海道の農家ではその余力も失い、ただ休耕させるだけで精一杯という現状だった。こうした地域では離農したいと考える者も増えたが、田畑はすでに買い手がつかない状態となっていた。減反を機にさらに夫の出稼ぎや首都圏に出た息子たちの非農業部門への就職が増える一方で、売れない田畑はそのまま残された。それまで出稼ぎでなんとか離農せずにきた東北や北海道の農村では、減反が最後の首切り役人となり、離農に踏み切る農家が増えていった。

また、奨励金制度とペナルティがセットになった減反は地域の農家を分断した。減反に協力しなければ、「自分勝手な考えを持つ人」と周囲から非難された。青刈りされる稲穂と一緒に自分の夢も刈り取られていくようだと「女の階段」の手記に書いた女性、雑草がはびこり始めた農地を目にするのが辛いと散歩道を変える女性たちの姿は、全国の農民の気持ちを代弁していた。

食糧増産の時代にはどんどん農地を拡張させられ、手間をかけた耕作地が今度は道路に奪われ、残った農地さえ、これ以上コメを作るなと言われ放置しなければならない。農地に迫る工場でパートとして働く農家女性にとっては、もはや賃労働者として過ごす時間の方が長くなっていた。今はまだ農地で一日を過ごしている女性たちも、いずれはパートに出ることが当たり前になるであろうことを考え、複雑な思いを抱えていた。

農家女性たちが見据える農業の未来はすでに不安に満ちていた。しかも、パートで働き、現金収入を得るかつての仲間たちの姿を前に、同じ時間を野良で「無償」で働くことへの割り切れない思いは増すばかりであった。

安心して農業で食える日は

戸田喜栄子　三十二歳（山形県）

減反、据え置き米価のあおりで、ごたぶんにもれず、わたしたちの部落も、主婦の工場勤めが始まりました。去年までは、部落中が楽しく田畑作業にはげんでいたのに、この夏は、なんと三分の一の人が出ました。その全員が主婦で、家の経済の切り盛りをしている人たちです。私たち嫁は、お小遣いをいただいた中で使う程度ですから、直接的なお金の値打ちはわかりません。しかし、こんなにお金が必要になったのか、経済が行き詰まったのか、と暗い感がいたします。

嫁さんたちが集まって話します。お姑さんが工場に出ているのに、若者が田畑をしながら家を守って帰りを待って、とても変な気持ちです。家の仕事をしても、直接お金にはならないので、外で働いてお金を入れることが大働きだと考えやすいのです。「あすの千円よりきょうの百円」というところでしょうか。「ナス苗よくできたネ。キュウリもげるか。こうするともっとよくなるよ……」畑を回って聞いたり、教えたりする仲間が、今はあっさりあきらめ、毎日通勤します。

残された私はとても寂しい気持ちです。田畑をすて、私も行きたい衝動にかられます。

しかし、二・四ヘクタールの田と五〇アールの畑を、夫にばかりまかせ、慣れない仕事へ行く気にはなれません。

こんなことを言っていられるのも、今のうちだけでしょうか。生産物が大暴落すれば、作って捨てるよりは、外に出た方がよくなるかもしれません。しかも、家庭経済を賄わなければならない時代が来たら……でもそんな時は一日でも一時間でもおそく来て欲しい。できることなら、これをどん底にして、少しづつでも安定の方向に、と願っている私です。

（「女の階段」投稿、『日本農業新聞』一九七〇年七月六日付）

かつての農業仲間だった女性たちが田畑から去り、残された農家女性たちは農業の将来への不安を抱えながら野良に一人ポツンとたたずんでいるかのような疎外感を味わっていた。このころ、女性たちは、公民館や農協婦人部でも行われていた回覧ノートに仲間との「連帯」の場を求めて結びついていった。「女の階段」への投稿や愛読者の会の「回覧ノート」の提案が出されたのも、この流れの中で必然的に起こった出来事であった。

この年、大阪では万国博覧会が開催され、日本最大の製鉄会社新日本製鉄が八幡製鉄と富士製鉄を合併する形で成立、翌七一年には東北・上越新幹線、七二年には山陽新幹線の「岡山―博多間」が開業した。かつての池田内閣当時の「国民所得倍増計画」のときにはあくまでも「拠点開発」がターゲットとなっていたが、今度は「拠点」ではなく全国津々浦々にまで開発の波を行き渡らせるための構造改革がおこなわれた。それこそが、田中角栄首相が通産大臣時代に発表した「日本列島改造論」であった。

農村では、この万博開催や新幹線といった大型事業を契機として、東北地方を中心に、再び出稼ぎのピークを迎えることとなる。その一方で、常用雇用として農外収入を得る農民も増えていった。いずれの場合でも、普段の農作業は「かあちゃんたち」に任され、さらに女性たちは忙しくなっていった。

2　離農政策としての農業者年金制度と女性の排除

農地の流動化を目的とする離農の促進策も盛り込まれた。農業者年金制度の創設もこの目的に沿ったものであった。つまり、現世代のリタイアを促進させ、一部の担い手のもとに多くの農地が集約されるようにしようというのである。加えて、農民の側からも年金制度の設立を要求する署名が数多く寄せられ、一九七〇年に農業者年金基金が設立された。

農業者年金は、加入者が月額七五〇〇円を二十五年間払い続けることで、月額二万円の支給を得られるというもので、もともと受けられる国民年金と合わせると四万円程度の年金が受けられることになった。また、離農一時金が支払われる制度も設けられた。

ただし、当初は加入条件に「農地名義の所有」が存在していたために、女性の年金加入はほぼ不可能な状況であった。すでに基幹的農業者となっていた女性たちは、掛け金の集金だけを担わされ、それでいて自分たちが受け取る権利を持たないことに改めて自分たちの社会的地位の低さを痛感し、農業者年金の改善を求める声をあげたのであった。

再び、婦人にも農業者年金を

永井民枝　五十五歳（愛媛県）

国際婦人年に続く「婦人の十年」がはじまって今年で六年目、昨年の中間年を経て国際的に婦人の地位は大幅に上昇した。わが国も「婦人に対するあらゆる形態の差別の撤廃に関する条約」に調印し、列国と肩を並べるに至った。

今年の婦人週間は数えて三十三回目、テーマは「あらゆる分野への男女の共同参加」を掲げて実施された。五月二十九日には東京サンケイ会館において第六回日本婦人問題会議が開催され、私は農村婦人の立場から今年のテーマに沿って体験発表をすることを許された。

その中で、今なお残る農村の男女差別の問題、特に私たちが数年来唱え続け、行政の上でも大きく男女差別をつけられている「農業者年金」の問題をとり上げて参加者に訴えた。会議では全国から集まった人たちの力強い賛同を得ることができ、意を強くした。続いてマスコミ各紙は挙げてこの問題をとりあげて報道、大きな反響を呼び発表者の私に確実に大きな手ごたえを与えてくれた。

今、農村労働力の六割強は婦人で占められ、農業経営の主体者も婦人であると自負する婦人が大半という現実の中で、まだその地位はあまりにも低い。農村の嫁不足が言われて久しいが解決の兆しはない。地域によっては婦人部や農業委員会などで嫁さがし、あの手

> この手で奔走しているが、若い人が喜んで就農できる条件作りが先決ではなかろうか。他の年金制度に比べて、あまりにもお素末《ママ》な農業者年金制度には、農村関係機関が手をとり合って「婦人にも農業者年金を」の運動を息長く、強力に進めてゆかねばならない。工業優先で農業はすみへ押し込められている現実の行政の中で、人間の生命を預る私たち農業者は、誇りと自信を持って主張し続けようではないか。
>
> （『「女の階段」手記集』第三集、一九七九年、三〇―三一頁）

永井さんのこの訴えに呼応して、第四回「女の階段」愛読者の会全国集会（東京会場）では群馬県の永田勝治氏が、夫婦で一生に受け取れる年金額を計算し、サラリーマン世帯と農家世帯の著しい格差が想像以上であったとの報告をおこなった。永田氏は、集会の場で「まず農家が年金をよく知って、問題点は婦人部などを通じてまとめ上げ、農協の力で格差是正運動を」行うべきだと提言している。

農業者年金は、その後、一九八〇年代に入って専業農家の減少が響いて加入者数が伸びない一方で、農業者の高齢化で受給者が増え、年金財政を圧迫、給付水準を四割も下げるなどの事態に陥ることになる[*11]。

一九九三年には、自民党単独政権最後の内閣となった宮澤喜一首相による改造内閣のもとで開かれた「婦人問題に関する全国女性リーダー会議」の場において農業者年金制度の門戸拡大などの要望が出されたが、結局、女性たちが農業者年金に加入できるようになったのは、二〇〇一年の新制

図10　男女別・年齢別に見た農業者年金加入の状況（2021年度末）
（左軸：実数（人）、右軸：全加入者に占める女性の比率）

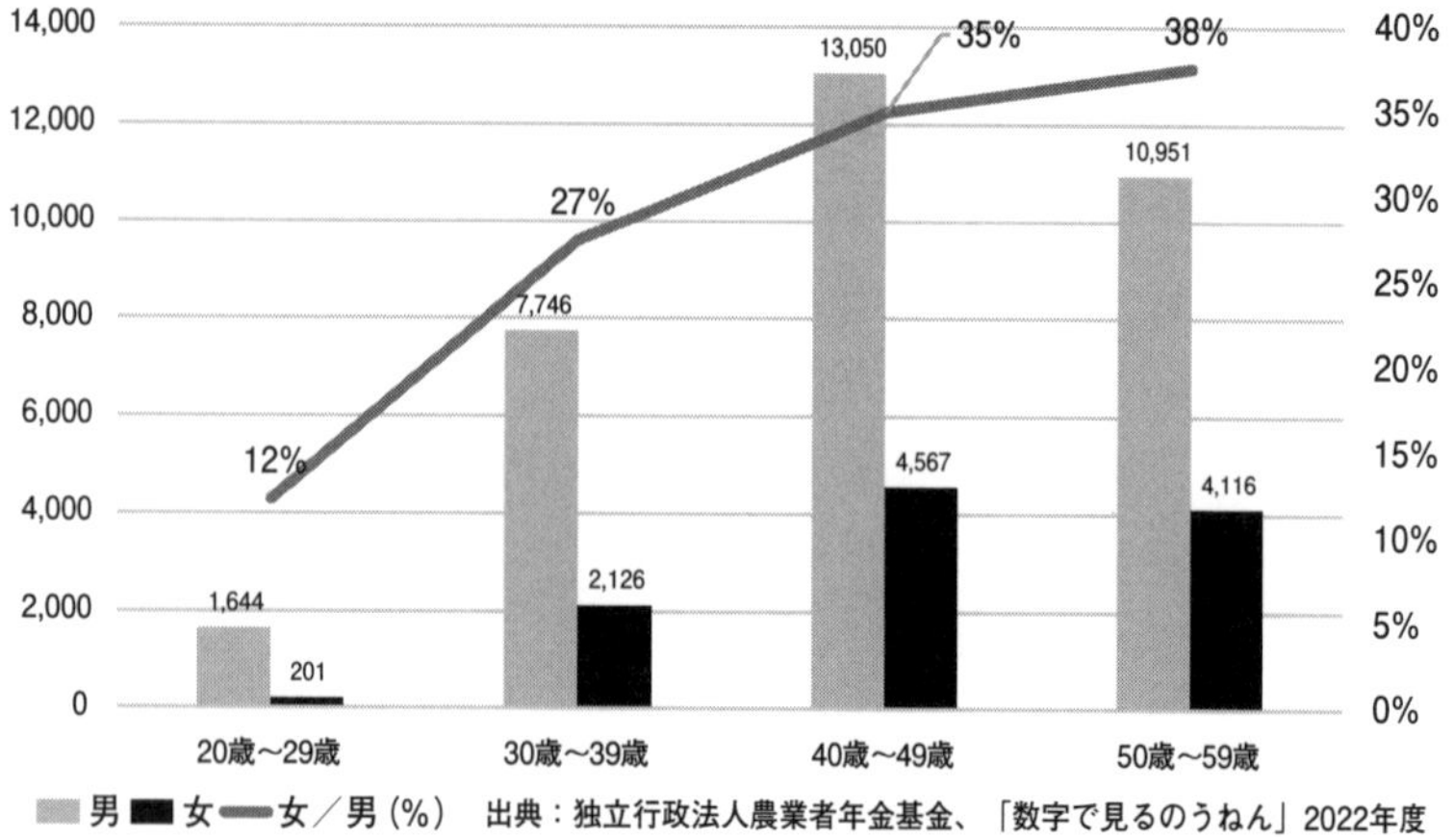

出典：独立行政法人農業者年金基金、「数字で見るのうねん」2022年度

度になってからのことであった。[12]

女性農業者が全体の四割（二〇二一年度）を占める現在でも、年金への加入をみると、未だに男女差は歴然としている。特に二十代の女性の加入率は男性の一〇分の一程度、全年齢層で最も女性の加入比率が高い年齢層は五十代だが、それでも女性は男性の半分にも達していない。

インタビュー　**佐藤洋子**さん

臨月でも休むと言えなかった「嫁」の日々

佐藤洋子さん（六十九歳、山形県在住。専業農家として、夫、息子たちと同居している。

夫は、雑誌『農村通信社』代表取締役社長。庄内と由利の農民たちによって七十年前に創刊され、一六〇〇部を発行する。

佐藤洋子さん

日本農業新聞との出会い、女の階段

——第一回集会開催を実現した世代が今八十—九十歳ですから、佐藤さんは第二世代といったところでしょうか。日本農業新聞との出会いは？

私の父が農業委員をやっていた関係で、農業新聞を取っていました。だから、嫁いできてからも、夫に農業新聞をとって欲しいといって、とってもらいました。

第一回目の投稿は、長男の出産後、実家に帰っていた時でした。最初に投稿する時は「ボツになったら恥ずかしい」と思うばかりでした。それに、表に出るからと考えると、ありきたりのことしか書けませんでした。

全国集会には、住井すゑさんが講師でこられた第二回から参加しました。中学校のときに『橋のない川』を読んでいましたからお名前を知っていました。

地元ではいつまでも「どこどこの嫁さん」だし、遠慮もあってなかなか意見も言えないけれど、全国の集まりでは、なんでも話せるでしょ。直売所を開いたり、自分名義の資産形成を実践する先輩たちに刺激をもらったりしながら、そして実際に助言をもらうなど、地元では得られない刺激を受けました。

兼業ばかりだった集落、やがて農家が減少して……

有言実行の農村婦人へ

佐藤洋子　四十歳（山形県飽海郡）

私達のように地方に住む人間にとっては本物の文化、芸術に接する機会が少なく、まれにあっても農繁期中である場合が少なくありません。多額の交通費や時間を費やすことへの気づかいから、つい疎遠になってしまいます。

そんな私も今日はあるテレビ局の有名な女性アナウンサーの「一秒の重さ、自分らしく生きること」の講演を聞かせていただき、自分の人生を自分で創り出すことの大切さを感じ、私も自信を持って農の道を歩み続ける考えを新たにしました。

農村女性の地位向上のために、私はまず自分の足元からの向上を考えてきました。自分でこの道を選び、曲がりくねった道ながら二十年の時が流れました。外出の時、黒く日焼けした顔に紅を引いても、荒らく節くれだった手に指輪をはめても思った以上にピッタリ決まらなく、でも作業着を着て野良に出ると農婦らしく心落ちつくのは時の流れかも知れません。

最近の八方ふさがりの農業情勢の中にあって、賢い消費者に対等におつき合い出来るように私達も賢い生産者になるべく努力が必要でしょう。そして、農家だから忙しい……だけでなく、時には子供と一緒にごつい手に筆を持ち、真っ白い紙に気持をぶつける……。または、街ですれちがう外国の人に気軽にあいさつできるような語学力を持ちたいと夢のようなことを考える豊かさもあってていいでしょう。

でも何よりも身体が資本の私達です。年一回ぐらいの健康診断は必要なのではないでしょうか。

数少なくなる農家を守り続けるためにも、これからは不言実行から有言実行に努力し、後継者が住みやすい農業社会を作ってゆきたいものです。

（『「女の階段」手記集』第五集、一九八八年、一一頁）

結婚した当時、ここは兼業農家ばかりで同年代の女性たちはみな会社や工場に働きに行っていました。機械を買えば借金が増えるし、それなら田畑は委託して他のところへ働きに出る方がいいし、どうせ農業をつづけるなら大きくするしかないとなる。小規模の農家はなくなっていきました。私たちも委託を受けています。

――次から次へと目標を設定して、それを実現してこられましたね。振り返るといかがでしょう。

農業新聞の県内グループ「べにばな」に出席することについては、親たちも何も言いませんでした。二十代の頃は義父母に遠慮していましたが、三十代になってからは、幼稚園児の娘と一緒に参加していました。

佐藤幸子さん（新潟）が畑を自分名義にしてもらったと聞いていたのですごいなと思っていたところ、ちょうど、夫が、山の上の開田した小さな田んぼがあるから買ったら？と言ってくれたんです。それで、私も土地を買いました。旧建設省に貸していた土地・建物が移転して、家の近くにある共有地が残っていたので、これを直売所にしました。その裏側にある我が家の減反田をブドウ畑にして「ブドウのオーナー」制度をつくって、現在に至っています。学校給食にも野菜を提供して幼稚園の子供たちの柿園見学を受け入れたり、留学生として日本で勉強する大学生や先生たちも受け入れました。いろいろな国から来た人たちとの交流は楽しかったです

「産直さくら」

ね。結婚式に招待されることもありましたっけ。

——出産の時のことや、お子さんたちのその後の成長についても書かれていますね。

娘を妊娠した時、お医者様には「絶対安静」と言われました。そんなことはとても家族には言えないだろうというので、お医者様が母子手帳に「安静にする旨」と書いて渡してくれました。私はそれを持って帰りましたが、舅と姑には見せられませんでした。生命は助かりましたが、娘の聴力は失われました。

長男が生まれた時もそうでした。お腹が大きくても、舅や姑からは「休め」とは一言も言ってはもらえませんでした。「お産は病気じゃない」。そういう時代でした。

そのまま田んぼに出て、一番小さな田んぼですが、一人で手刈りで作業しました。長男が生まれた十月九日はちょうど稲刈りの日だったのです。手伝いに来ていた村の先輩女性たちが「ずいぶん下がってきたからもうすぐ生まれるのでは」と心配してくれたけれど、なんとかやり終えました。日中稲刈りして、その晩、長男を出産しました。若さと、初めての出産でなにもわからなかったからできたことなのかもしれません。

当時はそれが当然だという時代だったのです。嫁入りの時に実家の父からもらったホンダの五〇CCカブ（バイク）で、大きなお腹をして田んぼに通いました。無謀にもね。

家で休むことなんて許されなかったから、夫はとにかく一緒に田んぼに行って、内緒で「車の中で寝ていたらいい」と言って休ませてくれました。

娘と一緒にわたしも聾学校に通いました。その娘も今は市川にいます。聴覚障害を持っているからなおのこと、内《うち》にこもらないように、社交性が育つようにと、そう育てました。そうしたら、「二十歳になったから親に世話にならない」と言って独立してしまいました。筑波大学付属聾学校に自分で行くって言い出すし、普通校と合同で開催された水泳大会でメダルをとったり、随分頑張り屋です。今後、どういう人生を送るかわかりませんが、今のところ、なんとか自立の道を歩んでくれているのではないかと思っています。

二人の息子は後を継いでくれています。長男は料理が好きなようで、新しい野菜が出来ると試食品を作ってくれたりするのでたすかります。本やネットのおかげでしょう。わたしが出かけている時は、食事のことは息子がやってくれます。

夫の時代は家庭科さえやっていないし、夫は「男子厨房に入らず」ですから無理ですが、息子の時代になると、男の子も家庭科をやっていますしね。息子は、農業者大学校へ行きました。三年生の時にはアメリカに研修旅行がありましたし、福島県の伊達市にも国内研修で半年間農家にお世話になりました。

家族の介護そして看取り

姑は病院で亡くなり、舅は、最後は施設で看てもらいました。厳しかった舅も、最後にありがとうと言ってくれたり、ありがとうとニコッと笑ってくれたり……以前の厳しい顔つきが変わって、可愛い姿になりました。今だからそんな気持ちになれるのだとは思うけれど。

実家にいた頃に、渡辺コトさんの投稿を拝見して、親を看取るということはこういうことなのだと思いました。

ただ、じゃあ、自分が姑になる時にはどうなるのかと思うと考えこんでしまいます。かつては自家菜園を活用した手作りの食事作りでしたけれど、仲間の皆さんから聞くと、今の人たちは出来あいのものを買ってきて並べていると聞いています。やはり時代が変わっていますから。

——今、佐藤さんの世代が活動の中核を担っています。

若い人たちにどんどん加わってきてもらいたいと思っています。子育てにしても、昔は自分で育てられなかったけれど、今は自分が育てるのがあたり前の時代になったし、団塊の世代を境に情報技術の面などでも大きな変化を遂げています。原稿用紙に書く時代からパソコンやスマホで書く時代になりましたよね。かくいうわたし自身もフェイスブックをやっているのですから、時代の変化を感じます。

家庭生活、家族関係にしても、今や、親の方からも、子どもの方からも、双方が「同居はいや」という時代です。村祭りやお盆、正月などの親戚づきあいも少なくなったようです。

わたしだったら「たくさん取れたから、これあげる」って考えるけど、売ればいくらになるとか、すぐお金に換算して物事を考える時代でしょ。それまでの人間関係の「常識」は通用しなくなっています。

——農政について、どのようにお考えですか？

農政がコロコロ変わるからついていけません。規模拡大で利益を上げられるひとがいないわけではないけれど。機械、肥料、資材、すべてが高くてコスト削減では追いつきません。

　規模を拡大してなんとか農業を続けていこうとしていますが、面積が広がれば、その分転作をさらに考えなければなりません。毎年、面積の調整に後継者は頭を悩ませるのです。やっと落ち着いて生産に集中できるかと思えば、また農政が変わる……これでは本当に困ります。

　最近は公共工事が急に増えましたが、公共事業で一時的に農村の苦境を乗り切っても、工事が終わればどうなるのか……もっと長期的な視野での農業の保持を考えなければならないでしょう。何よりも日本の国土を守り続けたいと思います。

　私たち農家は、国民が生きていくための食料を作っているのです。その作り手がいなくなっては、土地が荒れたりするということを考えていただきたいものです。

第五章　農産物輸入自由化——切り捨てられていく農業と農家

一　農業切り捨ての舞台裏

1　アメリカの事情、アグリビジネスの要求

一九七九年、第二次オイルショックの年、日経連は本格的に農業批判を開始した。それまで、補助金農政と引き換えに、ゆっくりと、しかし確実に進められてきたGATT体制のもとで、農産物の輸入自由化は、一九八〇年代後半からさらに新たな展開をみせる。

もともと、原料を投入すればいくらでも大量生産が可能な製造業にとって、海外市場に活路を求めることは、いわば本能といってもよい。どうしても「国産の原材料」でなければならない場合を除いて、安い輸入原料を使うことができれば、それだけ生産コストを抑えることができる。機械化を進め、正社員をパートやアルバイトに替え、もっと安い賃金で働く発展途上国に工場を移転すれば、さらに安く生産することができる。そんな製造業や大手流通で構成される「財界」からすれば、かつてのように食糧増産が求められた時期や、自民党政権の長期安定化を支える大切な票田として必要だった時期が過ぎてしまえば、農民との妥協は看過できない膨大な無駄と貿易取引の障壁

を生み出すものでしかない。このような関係は、本来、いつ崩壊しても不思議ではなかったのである。「財界とその利益を代表する自民党」と「農民」、両者の決別が決定的となったのは一九八〇年代である。

一九八一年に大統領に就任したアメリカのレーガン大統領の経済政策（レーガノミクス）は「円安ドル高」をもたらした。この円安のおかげで日本の工業製品は輸出に有利な条件に恵まれ、アメリカがそれまで得意としてきた分野の市場を侵食していった。「強いアメリカの復活」を掲げ、世界最大級のゼネコン、ベクテルなどの支援を受け大統領に就任したレーガンは、軍事予算を大幅に増額し、その一方で所得税減税や企業投資減税を行った。一九八一年から八五年の間に、軍事予算はそれ以前と比べて六割も増大した。一九八二年に連邦政府が手にした収入は六一七八億ドル、対して支出は七四五七億ドルである。一方で、これではたまったものではない。レーガンの前任であるカーター大統領の時代には五〇〇億ドル台で推移していた国家の赤字である累積財政赤字は、レーガンが大統領に就任してわずか一年で一二七九億ドルに膨れ上がってしまった。この赤字を埋め合わせるために、アメリカは国の借金である国債を発行、金利が高かったために、その高い金利を求めてドルが買われるに至った。[*1] ドルが買われるということは、ドルへの需要が高まることを意味する。需要が高まればドルの価格が高くなる。つまりドル高になるわけである。

このドル高は、日本からの工業製品の輸出にとっては有利に働いたが、アメリカの輸出型産業にとっては不利に働いた。特に、アメリカの主要な輸出産業の一つでもある農産物はこのドル高で輸出価格が高騰し、輸出競争力が落ち込むこととなった。そこに持ってきて、世界的な消費不況とコメ輸入大国であったインドネシアが自給率一〇〇％を達成し、さらに格安なタイ米が出回るなど、アメリカの農産物が売りにくい環境が生まれていた。

国際コメ市場で買い手を失い、国内に余剰米を抱えたアメリカ政府は、多額の補助金と引き換えに減反を進め、農家の収入に占める補助金の割合は一九八五年時点で九三％に達するまで膨れ上がったが、それでもアメリカにおけるコメの過剰は解消されることはなかった。アメリカ政府は、このような自国農業の「危機的状況の中で、海外市場開拓を目的とした新たな食糧戦略を展開する」*2。

農産物輸出を増やすために、アメリカは、自国内の農業に対しては手厚い保護政策を行った。その新たな農業保護政策の中心をなすものが一九八五年農業法（Food Security Act マーケティング・ローン制度）であった。*3 この措置によって、アメリカの米農家は生産価格の三分の一の価格で米を輸出できるようになった。*4 こうして自国農業に対しては保護政策を続ける一方、アメリカは、一九八六年、ＧＡＴＴ（関税と貿易に関する一般協定）ウルグアイ・ラウンドを開始し、日本に対して農産物市場の開放を強力に求めていく。ＧＡＴＴは貿易品目すべてに関して話し合う場でありながら、現実には農業分野を中心に据え、家族型農業を営むヨーロッパ諸国や日本や韓国などのアジア諸国に対して徹底した輸入自由化路線を押し付ける場となったのである。

確かに、国内農業、特にアグリビジネスと呼ばれる巨大農業補助金を捻出し続けることは、多額の財政赤字を抱えるアメリカにとって好ましいことではない。したがって、当面は補助金をつけて安いコメを輸出し続けながらも、できるだけ早く補助金農政から脱却すること、それがアメリカ政府の課題となった。巨大穀物商社が農業生産と取り引きを牛耳るアメリカでは、アメリカ政府の要求は巨大穀物商社の要求そのものであった。

白いダイヤはどこへ消えた

平沢勝枝　四十歳（新潟県長岡市）

今私の手のひらに三粒の落ち穂が、身を縮めてひそとのっております。〝落ち穂〟遠い昔の言葉となりました。今ではもうだれもがふり返ってはくれない忘れられた存在、この落ち穂で命をつないだ時代もあったのに。

米のご飯を食べて一鍬一鍬一生懸命耕やし汗を流し先祖様からの田を守る。これがほんとの日本人の姿でした。私がまだ幼なかったころ祖父母につれられ落ち穂拾いに出かけた。そんな時、必ず三粒の穂がついているのまで拾うように厳しく教えられたものでした。

戦後間もない食料難時代に、〝白いダイヤ〟と言われたお米、今の若い人たちには通用しない言葉かも知れません。しかし、食料難の時代には白い一粒のお米がダイヤモンドに価したのです。うそのようなお話しです。日本の総人口の半数が戦後生まれと聞き、今〝白いダイヤ〟などと言ってもお笑い話しにしか過ぎないことでありましょう。でも日本人である以上忘れてもらっては困るのです。日本人は米を作り、米を主食とし腹一杯食べ日本の国を守って今日まで生きて来たのです。

減反、青刈り、休耕田、いつから国語辞典に活字となった名詞でしょうか。田を守り米を作っていれば必ず報いられる日もあろう。いつかスポットのあたる時代も来るのであろうと、流れる汗もめし上げず、もくもくと働き続けて来たのである。それなのに、純粋で虫のいい農民の願いもむなしく、減反し、余剰米を少なくせよとは、どこへこの怒りをぶっつければよいのでしょうか。右を向けといわれればはい、左を向けといわれればはいとどこまで根性をよくしていれば気がすむのでしょう。それとも、昔のままに八十八回手の中でいつくしみ、育くめといわれるのでしょうか。それではあまりにも農民がかわいそうです。首をくらねばなりません。あの〝白いダイヤ〟をもう一度思い出して下さい。私たち日本人はお米を食べて生きているということを忘れないでほしいのです。声を大にして叫びたいです。

（『「女の階段」手記集』第三集、一九八二年、一二六―一二七頁）

2　農業より工業、日本よりアメリカ

日本とアメリカの経済関係は他国にはないほど親密なもので、その特殊性はこれまでも指摘されてきたことである。例えばGATT交渉が開始された一九八六年当時の日米関係を追ってみよう。一九八六年のアメリカの貿易赤字一六九八億ドルのうち約三割は日本一国に対するものであった。一九九〇年のアメリカの輸出先として一国レベルでは日本が最大の市場であった。さらに、日本の農産物輸入総額のうち三―四割がアメリカからの輸入であり、アメリカにとって日本は最大の農産物のお得意様であった。二国間の親密度がこれほど高い国はない。そのアメリカの経済はレーガノ

ミクスのもとで生み出された双子の赤字（貿易赤字と財政赤字）で今や危機的な経済状況にあった。アメリカを救うため、アメリカのニューヨークにあるプラザホテルに世界の先進五カ国の首脳・蔵相が一堂に会し、「円高ドル安」「協調利下げ」を柱としてアメリカ救済を行うことを決定した（プラザ合意）。当時比較的景気が良かった日本において、利下げは景気の過熱を煽る行為であった。さらに、円高ドル安は、日本の輸出にとって不利な状況を作り出した。円高ドル安の影響を受けずにすむよう、市場のある北米やヨーロッパや、低賃金で製品の組み立てができる発展途上国への工場機能の移転が進み、いわゆる産業の空洞化が話題に上るようになったのもこれ以降のことである。

さらに日本では、このプラザ合意と相前後して、アメリカから突きつけられている農産物市場の開放に応えるための国内の体制作りが進められた。

一九八三年に、ソニーの盛田会長や塩路一郎自動車総連会長を含む日米諮問委員会（日米新賢人会議との通称を持つ）が発足し、日米の貿易不均衡を是正するため、すでに牛肉・オレンジの輸入枠の拡大を含む、アメリカ側に有利な内容がまとめられた。全国農業協同組合中央会は、ただちに「日米間の貿易収支の不均衡拡大は工業製品の節度なき過度の輸出によるもので、日本の農産物輸入制限に基本的原因があるわけではない」[*5]とこれに反論し、反対運動も取り組まれたが、輸入枠の拡大は、最終的に認められてしまった。

現実には、全中が主張する通り、日本の貿易黒字を作っているものは農業生産物ではなく工業製品であった。農業部門について見れば、戦後ずっと輸入が輸出を超過する貿易赤字を続けていた。また、たとえ日本が国内で消費される農産物のすべてをアメリカから輸入することにしたとしても、工業製品で生じる膨大な貿易黒字を埋め合わせることなど到底できなかった。にもかかわらず、国内ではさかんにアメリカから安い農産物を輸入すべきであるとの主張が繰り広げられた。

中曾根首相自身も「臨調行革路線」を掲げ、財界の意向に沿って、市場にすべてを任せる市場原理主義に基づいた経済運営を進めていた。日本の製造業にとって不可欠な原材料輸入元であり、かつ完成品にとっての巨大な消費地でもあるアメリカ経済を支えることは経済運営上からも当然のことであった。こうして、国際的な競争に勝ち続けるために、農業保護のための補助金はもちろん競争力のない零細な家族農業は保護するに値しない存在として切り捨てられることとなる。むしろ、アメリカからの外圧を追い風にできる今こそ、財界の希望通り、輸入農産物のための農産物市場の開放策を推し進めていく絶好のチャンスであった。一九八六年から一九九三年にかけて行われたGATTウルグアイ・ラウンド交渉を背景にして、一九八六年に出された「国際協調のための経済構造調整研究会（前川レポート）」では、輸入拡大を前提にしながら、国内農業に対しては「内外価格差の縮小」を目指してもっと安い農産物を生産するために「合理化」「効率化」を進めるよう提言が出された。[*6]

プラザ合意における「合意」の柱の一つ、円高ドル安は着実に進行していた。それが輸入農産物の価格をさらに引き下げた。このこともまた、国内農業保護の政策を転換することを世間に納得させるためには極めて好都合であった。

二　農業叩きの仕組み

1　内外価格差の強調——消費者を納得させるための仕掛け

日本の国会は、世論の高まりを背景に一九九三年までの三回にわたって「コメの輸入自由化反対決議」を挙げている。しかし、その陰では、コメを例外とはしない旨の同意がとりつけられていたのである。一九九三年十二月、当時の細川首相がこの国会決議も公約もかなぐり捨て「コメ輸入自由化」を受け入れたのも決して突然の翻意ではなく、当然の流れであった。

経済企画庁は一九七五年から毎年「物価レポート」という報告書を出していた。その内容に変化が現れたのは中曾根政権当時にまとめられた一九八七年版からであった。この中で、初めて国内外の小売物価を比較し、その結果を「内外価格差」として表にまとめて示したのである。さらに翌年の八八年版になると、「内外価格差」を縮小するために規制緩和や農産物の価格政策の見直し、輸入拡大が必要との提言が出される。この「物価レポート」が発表されると、マスコミは、こぞって日本の農産物価格が高く、消費者の利益が阻害されていると宣伝した。さらに、政府はこの八八年版に、貿易統計に新たに米を使った加工調整品の数値がわかるよう項目を設定した。そのおかげで、すでに加工品の中には多くの外米が含まれており、外国からの米輸入は既成事実となっていること、さらにこの米の輸入が加工産業や外食産業に利益をもたらすことが強調されたのである。

これらのマスコミの主張に対して、國學院大學名誉教授の三輪昌男教授は、「物価レポート」の問題点を指摘し、物価レポートの「内外価格差」析出過程にみられる経済企画庁すなわち政府の「奇妙な」調整を暴露している。

①消費者物価指数を計算するための対象品目数は五〇〇以上なのに、物価レポートではわずか二六—三〇品目、それも食料品の方が圧倒的に多く含まれている。

②日本の暮らしを基準に考えるべきであるのに、なぜか「バター」「スパゲティ」「家政婦給料」「バナナ」「アメリカ製ビール」「ハンバーガー」など、どうみてもアメリカの生活を基準にした選定となっている。

現実には、豆腐に味噌汁、納豆でご飯などの日本的食生活に適合した食材を選定した場合には、アメリカに比べて日本の方が安いことは、九〇年にこの物価レポートに対抗して農水省が公表した数値でも明らかである。

③為替相場の取り方が途中で変更され、国際比較を行った場合にもっとも日本の物価が高く見える値を基準にしている。しかも、アメリカの農産物の価格には補助金相当分が含まれていない。*7

ここからわかることは、政府自民党が物価レポートにおける内外価格差の公表が、国民もしくは消費者に日本の農産物は国際的に見ても高いというイメージを植え付けるために利用され、その媒介手段としてマスコミが有効に使われたという事実である。

マスコミはこぞって〝日本の物価が高いのは——つまりあなた方一般国民が暮らしにくいと感じるのは——農業生産者のせいである。彼らは補助金にあぐらをかき、近代化、合理化を怠っている。農業という遅れた産業を早く合理化、近代化しなければならない。同時に、せっかく円高で安いのだから農産物は輸入しようではないか。それが家計を助けるのだ。それを妨げているのは農協と既得権益を死守しようとする農家だ〟という言説を振りまいた。主婦連はまたもや独自に集めたアンケート調査の結果を公表し、日本の主婦たちがコメの輸入を歓迎していることをアピールした。*8

アメリカが日本に要求を突きつける際には、したがって日本政府が（あるいは財界と言っても良いかもしれないが）受け入れたい時には、常に「消費者のため」という錦の御旗がかかげられてきた。このことを、長年、日本のアメリカとの関係について研究し、日本の政治・経済の対米従属ぶりに警鐘を鳴らし続けてきた吉川元忠（故人）はこう語っている。「それにしてもアメリカが巧妙なのは、日本に何かを要求する際に、必ず「日本の消費者のため」という大義名分を振りかざしてくることです。これは、「日本国内の分裂を利用せよ」という、日米構造協議以来の戦略です。アメリカは、日本では大企業のみが恵まれていて、消費者は恩恵に浴しておらず不満を持っているとみて、「消費者の利益を代弁する」という言い方で構造協議に臨んできた*9」。

総務省の「労働力調査」を見てみると、一九六〇年代には働いているものの四六％を占めていた自営業者とその家族は、九〇年代には二二％に減少している。高度経済成長期以降、農家女性のように自営業者として働く女性たちが減少し、消費のみを行うサラリーマン世帯のいわゆる専業主婦の集団が作り上げられた。また、働く女性たちの多くが受け取った給与のほぼすべてを食品や衣料品などの、市場で大量に販売されている商品を買ってきて生活していた。たとえば大根一本をとってみても、都市部で働くサラリーマンの妻はその種が一粒いくらなのか、それをどのように畑にまき、育てていくのかについても通常は関心をもたない。収穫してから冷たい水で洗う大変さも、味は変わらないのに出荷できない規格外品が出てくることも多くの都市生活者たちは想像だにしない。大手流通業が農協を通じて消費地まで届けるシステムでは、作り手の苦労も技術も消費者には届きにくい。戦後の流通の「近代化」「合理化」は、一方では欠乏からの解放を促進しはしたが、同時に進んだ農地（生産地）と消費地の断絶は、生産者と消費者との連帯による生活防衛を困難にさせたのであった。また、これは、「米価と票の取引」と揶揄されるように、補助金と引き換えに砦を少しずつ明け渡し、政府への依存を強めていった農協、農家に対して、消費者が突きつけた不信感の表れでもあった。農家女性たちと都会の消費者との分断が成功した背景には、このような状況が存在していた。

「女の階段」の女性たちは、今後の政治の行く末を見極めようと懸命だった。同時に、農家が生き残る手段が次々にはぎとられ、あちらこちらと翻弄された挙げ句、袋小路に追い詰められ、息苦しさと不安を抱えながら農業を続けていた。一方で率直な意見交換を通じて消費者との相互理解を深めたいと考える佐々木和子のような会員も少なくなかった。「消費者の主婦たちと話し合いたい」「もっと仲間を増やしたい」という佐々木が訴えかけたこの言葉は、生産者と消費者とに分断しようとする力の存在を見事にとらえている。そして、佐々木の言葉には控えめな表現ではあるが、分断の力に抗する女性同士の強固な連帯を築きたいという願いが込められていた。

一九八六年、まさに政府がＧＡＴＴの場で米の輸入自由化をめぐる論議を開始したその年、先の「主婦連」の事例とは逆に、全国消費者団体連絡会は「主権を守るための食糧自給」を掲げ、米の輸入自由化に反対する決議を挙げた。全国で大小様々な集会が開かれた。すべてを市場にまかせ、競争原理を万能のふるいのように扱う政府財界の論調の危うさを指摘する本も出版された。山形県出身の作家井上ひさしが一九九二年に『コメの話』（新潮文庫）を出版するとまたたく間に版を重ねたように、食糧生産の土台が脅かされていることに気づく国民が増えていった。

転作に直面して

佐々木和子（秋田県仙北郡）

来るべき時が来たと、心を鬼にして、転作に踏みきった今年も史上第二の豊作が告げられた。農家の一人一人の努力がこうした豊作をもたらしたと思いつつも、手離《ママ》しで喜べないでいるのが私達農家の実際の気持です。全部と言えないかもしれませんが、転作した、青刈稲も、牧草も、大豆なども、ただ割当量を消化すると言う考えで、そのまま刈捨てられたり、大豆では、商品にならないでしまうものなども多かった。さまざまな問題を残しながら今年も終ろうとしているが、これからまだまだ米をとりまく厳しさがじわじわと、真綿で首を絞めるようにせまってくるような気配が感じられます。

明年も、稲を青刈したり、大豆を播いたりする事しか方法はないものだろうか。お互の話し合いの中でなんとか、昔どうり《ママ》の水田を、水田として、稲を植えつけ、実《みのら》せるのがだれしもの願いと思います。いつも政治は、大企業優先のような気がしてなりません。そして、農産物を生産する側と、消費者間の溝を深め、その中間でのうのうとして、喜んでいるような気さえする今の流通構造のように思えるのは私一人の考えだろうか。転作の問題だけでなしに、すべての農産物の置かれている状態はみんな同じように思える。こうした私達の集会の場所で、消費者の主婦の方々とも親しく話合えたらと、思えてなりません。また、この「女の階段」の集いは、日本の農村の置かれている立場の中のほんの何割にも満たない方々と思います。みんなの力で、この集いも知らず、ひたむきに農村の片隅で生き続けている、仲間を日時をかけて、誘う努力を続けて行く事も大切な役目と思います。

（『「女の階段」手記集』第二集、一九七九年、一〇頁）

2　「地域開発・過疎からの脱却」という幻想――リゾート開発と農地の破壊

一九八七年、生産者米価の引き下げが行われる一方で、同年成立の「リゾート法」が、農地や、農業に必要な水源を作る山々や原野を、スキー場やゴルフ場に変貌させていった。全国の自治体でリゾート事業構想が立ち上がり、ゴルフ場にマリーナ、大型ホテル、スキー場、リゾートマンションといったステレオタイプのハコモノが全国に林立していくこととなった。「役場職員もチーム編成の上で、夜討ち朝駆けで同意書の判子取りに狂奔せざるを得なかった。都道府県庁も大わらわの奮闘で、企業との進出協定締結に走った。リゾート・ビジネスに参入する企業も、何が何だかわからないまま、とりあえずこのビッグ・チャンスに乗り遅れる訳にはいかないとバスに飛び乗った」[*10]。新日鉄、三菱重工、川鉄商事といった重厚長大産業のリゾートへの参入も相次いだ。それは、まさに不況型産業の救済策といった様相を呈していた。

リゾート狂乱とも言えるこの時代、リゾート開発に絡んだ土地の値上がりが農地を破壊した。規制が緩く、都市圏から近い山梨県大泉村や山中湖畔の村々では地価が二割（一九八九年）を超える上昇を記録し、地価の上昇を好機ととらえた農民はすすんで農地を売却した。農協が農地の売却を農家に勧めるケースも少なくなかった。

農民からすれば、すでに減反と食管法の有名無実化、米価の引き下げでコメは安定した収入源とは言えなくなっていた。また、転作しても、農産物全体が輸入の増大、価格低迷に直面し、農業の将来に自信が持てない中、資産価値が上がった農地を売りたいと思うことは当然の成り行きでもあった。東京の大手建設会社は過疎に悩む地方の集落に「開発」のアイデアを持ち込み、行政はその先陣に立って農地の買い集めに奔走した。これを、農地販売のチャンスと考える住民もいる一方で、これに抗する住民もいたが、リゾート開発は「地域再生」の切り札とされる中、これに反対する住民や議員たちは「変わり者、集落のことを考えないわがままな存在」と見なされた。それが農薬汚染の元となるゴルフ場建設であっても、ゴミと騒音を運び込み、利益はすべてまた東京に戻されるスキーリゾート開発であろうとも、これに反対することは「せっかくこの地域が繁栄する可能性があるのに、それを邪魔するのか」と非難された。反対の声をあげるには極めて大きな勇気が必要だった。反対の声があげられないということは、つまり住民同士の討議を経て住民の意思が十分反映される余地もなかったということである。多くのリゾート開発は大手の建設会社等の資本力のある大企業のために行政が道をつける形で進められた。それは、これまで食料生産の基地として守られてきた農地の転用基準を緩和することにもつながって行く恐れを含んでいた。

全国いたるところに画一的なリゾート建設が進められ、乱開発が自然環境を蝕んでいることは明らかであった。九一年には日本環境会議（事務局長＝宮本憲一大阪市立大教授、環境経済学）から「リゾート法の廃止」が提言されたほか、さまざまな自然保護団体や弁護士たち、地域の女性グループなどが自然環境や生活環境を破壊するリゾート開発反対運動を繰り広げていった。さらに、ゴルフ場の農薬が水質汚染を引き起こし、行政の力で地上げまがいのことまで行われる実態を前に、農業者も含めて全国的な集会が開かれ、反対の声をあげることとなった。

「ゴルフ場建設への総量規制が日本一厳しい愛媛県で主婦らの建設反対運動が相次いでいる。国土庁の総合保養地域整備法（リゾート法）の指定承認を目前にして、県知事が同法指定地域のゴルフ場建設は規制の対象外にすると発言したのが、火に油をそそいだ。農薬散布による水源汚染問題に端を発して四カ月。生態系の破壊、果てはリゾート法自体への反対にまで運動が燃え広がっている。万事に控えめを好む愛媛県の〝媛（姫）の反乱〟でもある」[*11]。

リゾート法施行からわずか四年、もともと日本の働き方では不可能な長期休暇を前提とするリゾート事業そのものに無理があった上、長い間培われてきた地域の資源を東京の大手建設業者が浪費し尽くしてその利益を東京に持って帰るというシステムのもとで疲弊する地域で生じる問題……そこにバブルの崩壊が追い打ちをかけ、資金難で破綻する事例が急増した。一九九一年の日本経済新聞社の調査では、一九八九年の時点で四十七都道府県が計画・構想中と回答していた投資額の五分の一の金額にあたる事業が資金難、採算悪化などの問題に直面していたことがわかった[*12]。

磐梯町の磐梯リゾート開発は二〇〇二年、九四六億円の負債を抱え民事再生法の適用を申請した。

宮崎県の「シーガイア」を運営していた第三セクターも破綻、青森県大鰐町でもスキー場が振るわず民間企業が撤退、町は一〇〇億円超の負担を背負いこんだ。[*13] こうして、のちに、見向きもされなくなったゴーストタウンに当時建設した巨大な「ハコモノ」だけが残り、ほとんど利用されないままにかさんでいく維持費が地域の財政を圧迫することとなった。

結局、政府が「リゾート法」導入に際して強調した「リゾート開発で地域活性化」の約束は果たされないままに、現在も当時の残骸を抱えたまま途方にくれる自治体を全国に数多く生み出した。

三　急激に衰退する農業

1　都市部農業・近郊農業の衰退

八〇年代後半からの農業の衰退は明らかであった。一九八六年には五三五・八万ヘクタールであった耕作地面積は一九九六年にはついに五〇〇万ヘクタールを割り込み、二〇〇一年には四七九・四万ヘクタールにまで減少した。新たに開墾される耕地面積は一九九一年には〇・八万ヘクタールにまで落ち込んでいた。農業所得は低下を続け、一九八五年には製造業労働者の賃金の約四割まで縮小した。農業・農協問題研究所東北支部は、一九八七年産米の生産者米価が六〇キロあたり一一一〇円引き下げられたことで、東北の「米粗収入は六県全体で約六百四十五億円、米作農家一戸当たりでは約十万円の減収となる」。「九割以上の農家は生産費が米粗収入を上回る」との推計を発表した。[*14]「女の階段」には、農政の転換を強く憂う投稿が次々と寄せられた。中でも、川村さんの投稿には、一九九〇年前後に農家経営を脅かす様々な出来事が一気に押し寄せる様子が映し出されている。

農政に願う

川村久子　（千葉県我孫子市）

さまざまな職業の中でも、特に農業に対しての国策の厳しさはほかにないように感じられます。農機具が機械化された現代、稲作農家にとっては大規模経営が可能になるのに、余剰米だといって米は作ってはならないという減反政策が行われているのです。

増産増産と叫ばれた昔の時代とはまったく逆の政策となってしまっています。

次に農畜産物の輸入問題ですが、工業のツケが農政を動揺させてしまったのです。過去において果樹や畜産物の輸入阻止運動が全国的な輪を広げましたが、結局は農民の意向は無視され、農政のなるがままに終わってしまいました。

そして咋今の米の輸入阻止が難題とされても、いずれは農民泣かせとなってしまうのかも知れません。

私が特に関心をもっているのは、農地の宅地並み課税問題についてです。

三大都市圏内ではだんだん実施されるかも知れない気配が感じられますし、そうなると隣接地域も徐々に広まり、いずれは全国的な施策となるかわかりません。

これからの厳しい農政は、減反政策、米をはじめとする農畜産物の輸入阻止問題。それに農地の宅地並み課税がもし実施されたら、農民にとっては死活問題となります。ぜひこれらを阻止、廃止されるよう念願してやみません。

（『「女の階段」手記集』第六集、一九九一年、七〇頁）

日米構造協議の外圧を利用して、政府はそれまで特例で実質的に無効化されてきた農地の宅地並み課税を厳格に実施する方向に舵を切った。農地が住宅地に転用されないから土地が不足し、その結果地価が高騰しているのだという冗談のような話が経済企画庁を中心に流布された。[*15]もちろん、この土地高騰はアメリカ経済を助けるための協調利下げによる戦後最低の利子率で貸し出された投機資金が土地に流れ込んで引き起こされたものであって、そこに新たな土地を投入しようが、投機資金を生み出す仕組みを変えない限り、地価高騰が収まるはずはなかった。実際、バブルがバースト（破裂）したのは、史上最低の利子率二・五％から日銀が徐々に金利をあげ、それが六％にまで達した一九九〇年のことであった。

日銀が利子率を上昇させると、ただちに株価が二分の一に下落し、続いてちょっとした時間差があって地価が下落し始めた。土地を担保にして無理やりローンの貸し付けを拡大させていた銀行や不動産会社、投資していた個人の自己破産や企業の倒産が増えていった。

一九九一年九月に施行された「改正生産緑地法」は、東京、名古屋、大阪の三大都市圏内の市街化区域内の農地を「三十年間転売できない、農地として維持される土地」と「宅地に転用する農地」に区分し、後者については転用してから五年間は宅地並み課税が猶予されるが、それ以降は税の優遇策を廃止するというものである。後継者難を抱える農家に三十年後まで農業を継続するこ

図11　耕地面積（左軸・万ha）および耕地の増加・減少要因別面積（右軸・万ha）の推移

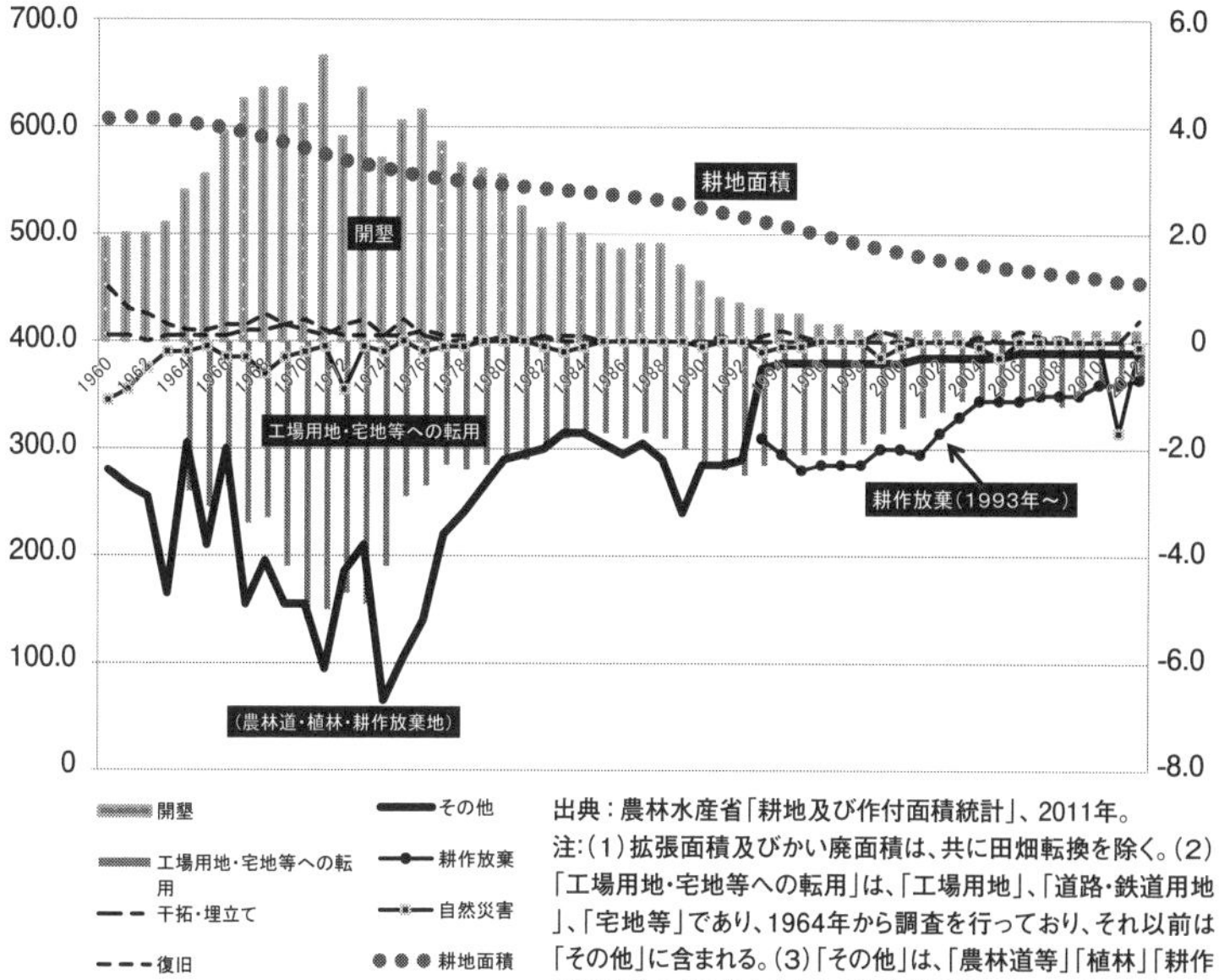

出典：農林水産省「耕地及び作付面積統計」、2011年。
注：（1）拡張面積及びかい廃面積は、共に田畑転換を除く。（2）「工場用地・宅地等への転用」は、「工場用地」、「道路・鉄道用地」、「宅地等」であり、1964年から調査を行っており、それ以前は「その他」に含まれる。（3）「その他」は、「農林道等」「植林」「耕作放棄以外のその他」であり、「耕作放棄」については1993年から調査を行っており、それ以前は「その他」に含まれる。

とを約束させる「生産緑地指定」は、多くの農家に農業で生きていくことを諦めさせた。

都市部でここまでなんとか踏ん張って農業を続けてきた農民たちは、この農地の宅地並み課税によって離農せざるをえなくなり、農地の一部を「生産緑地」として申請し、その他の土地を駐車場やマンション、アパートなどに転用した。「東京都と大阪府の農地は八五年の三万二四〇〇ヘクタールから九一年の二万九二〇〇ヘクタールと、一〇%減少し、都市農業の後退に拍車がかかった」[*16]。

図11は、農地の改廃を示したものである。工場用地や住宅への転用は高度経済成長期に最大の伸びを示したが、一九九〇年前後にみられる農

地転用はこれに次ぐ大規模なものであった。

まず、「工場・宅地への転用」は、リゾート法施行二年後の一九八九年ごろから顕著に増大しており、九〇年以降はさらにその転用面積は加速度的に拡大していく。一方、「耕作放棄地」を「農林道・植林・耕作放棄地」から取り出して把握するようになったのは一九九四年以降のことであるが、これによれば、「農林道・植林・耕作放棄地」のうち「耕作放棄地」がほとんどを占めていることがわかる。

地方ではリゾート開発で大規模な農地が施設用地として転用され、農村における共同作業の機能が失われるとともに、都市部およびその周辺地域の農地は、値上がりを待つ、あるいは農地の売却をできるだけ避けたいとの思いから切り売りされるケースが多く、農地はまさに虫食い状態に置かれた。虫食い穴にできた新興住宅の住民たちと農家との間に、様々な軋轢を生み出すこととなり、それがさらに農地転用を促進することとなった。

住みづらくなった農村

浅野静子　五十九歳（茨城県稲敷郡）

私が嫁いで来たころ、この地方は純農村地帯でしたので、どこの家でも稲や麦の耕作面積も広く、少しの土地も遊ばせることなく増産に励んできました。

早くも約四十年が過ぎた現在は食糧過剰となり農政も変わり、減反に次ぐ減反や、転作に兼業農家や高齢者の農家が増え、専業農家（私のところ）は数える程になりました。そのうえ市街化区域となっている昨今は、大切な農地を手放し、御殿のような立派な農家が、次々と造られるようになりました。そのほか貸家を何軒も建て、生計を立てる家も出て来ました。一方狭くなった農地にも、各種の大型農機を導入し、その使用もほんの短期間だけ、あとは物置に納めておく有様です。それでも機械化された農法を今さらもとに戻すことはできない現状です。

秋ともなれば、黄金色に実った美しい稲穂が、さわやかな風に波打っていた田んぼには、今は沢山の建売住宅が群立し、そんな中で農業を続けることは大変困難な時代となって来ました。

地価の高い土地に対しては、もちろん税率も高く、今年から都市計画税も加算されました。農産物も諸物価に比すれば驚くばかりの安値です。これでは今後農業後継者はどう前進すればよいのでしょうか。将来食糧危機は、必ず来るといわれているのに、大切な緑の資原《ママ》である山林や農地がつぶされてゆくのを見るにつけ、農業の行く先を思う私の心はますます不安になるのです。

（『「女の階段」手記集』第三集、一九八二年、四八頁）

2　GATTウルグアイ・ラウンドからWTOへ——すべてはWTOルールの下へ

日本のように家族型農業で自給中心の生産をおこなっている国からすれば、そもそも米を主食としないアメリカで大量の米が作られ、それが余っているからといって自給率一〇〇%の日本に押し付けようとするアメリカの姿勢は許せない。しかし、GATTやWTOを舞台にした国際交渉の場で、それ以上に日本の政府自身がそれを拒否するどころか、むしろそれを追い風にして農家を攻撃する政府に、農家は戸惑い、それでも「自民党の方針に異議を唱えてくれる、いわゆる「農林族」の自民党議員が何か言ってくれることを期待して票を投じた。その「農林族」議員でさえ、外圧と日本の消費者を含む非農家の反感を理由に「米価引き下げもやむなし」「せめて変化を緩やかに」などといった発言を繰り返すに至って、例えば、保守王国だった新潟県でも、一九八九年、新潟県農協青年連盟は来るべき参議院選挙での自民党不支持を打ち出すなど、農家の造反が相次いだ。

減反と米価の引き下げ、農業の衰退に加え、一九八九年四月のGATTウルグアイ・ラウンドでの合意受け入れが、農家と自民党との決別を決定的なものとした。その結果、選挙で実際に自民党議員が落選するなどの動きが出始めていた。[*17] 一九八九年六月に行われた新潟県知事選では、結局は自民党の金子清氏が辛勝したものの、農業問題に対する保革対決が注目を浴びた。農家は気付き始めていた。すでに「集落の代表」は今やWTO標準の前に立ちふさがるだけの力を持っていないばかりか、その振りさえもしなくなっていることに。

一九九二年に農水省が発表した「「新政策」新しい食料・農業・農村政策の方向」には、「株式会社が農地を取得することは一般的に不適当なものの、農業生産法人としてならば検討する」という一文が明記された。農水省が、農業生産法人という条件付きだが、株式会社、つまり耕作者ではない存在が農地を取得することを許容したことを宣言したのである。

明らかに財界の意向を汲んで進められたこの大転換について、横浜国立大学名誉教授の田代洋一は「戦後農政の総決算」の目玉と位置付けている。株式会社はあくまでも短期で利益をあげなければならない。なぜならば、株式を持つ株主に責任を持つのが株式会社であり、株主が希望する経営者は、投資したものを素早く回収し、毎年売り上げを伸ばし、株価や配当を上昇させることができる者だからである。

もし、経営陣がいつ回収できるか定かではない長期計画に基づいた投資を行おうとすれば、その経営者は首を挿げ替えられる可能性さえある。その株式会社が自由に農地を取得できるようにすることは、「短期利潤追求という株式会社の本旨と、悠久の大地を永続的に耕作する農業とはなじまず、強大な資金力をもつ企業の参入は担い手の育成にも障害になる」と田代は指摘する。[*18]

農地を集積させ、人件費と大型機械をつぎ込んだとしても、それでも気候変化や天災でどうなるかわからない農業の不安定さに株式会社が耐えられなければ、何へクタールもの土地を集めた挙げ句、その土地全体が一度に耕作放棄地になってしまう可能性さえある。ましてや、企業が農地を買い漁れば資産価値が高くなり、そこに投機資金が集まることも考えられる。全中は全国に呼びかけ、捨て去られようとする食料生産の目標値設定と、この株式会社の農地取得解禁に反対する一〇〇〇万人署名をつきつけた。[*19]それでも、結局、二〇〇〇年の株式会社による農地取得が認められたことで、戦後の農政の基本となっていた「農地耕作者主義」をかなぐりすてることとなったのである。

ＷＴＯ（世界貿易機関）加盟国となった日本は、これまでの「農業基本法」を転換し、一九九九年、以後「新基本法」と呼ばれる「食料・農業・農村基本法」のもとでさらに農業衰退の道を歩くことになる。

インタビュー

渡辺コトさん

尊厳が認められなかった戦前戦中の女性たち

渡辺コトさん（九十四歳）は神奈川在住。長男夫婦と同居。長男の克美さんは「心臓病や骨折からも回復しましたし、母は本当に根性があります。元気でいてくれるのが一番だと思っています」と話す。コトさんは今も毎日、新聞を丹念に読む。「新聞を読まないとだめ、読んでから散歩するの。世の中こうなっている、アメリカはこう、こうあるべき、と考えたりしながらね」。

渡辺コトさん

若いときは戦争で苦労しました。ああいう思いは孫やひ孫にはさせたくありません。

――渡辺コトさんは、『道べの草』と『続道べの草』二冊の本を出されています。嫁としてのご苦労、お舅さんお姑さんの介護のことを書かれていますね。

実家は戸塚区（今の和泉区）の大農家でした。兄がシベリアに抑留されていたので、私と兄嫁が農作業をやっていました。作業に使っていた牛が私に懐《なつ》いていたので、結婚して実家を出てから牛が寂しがったくらいです。兄嫁も苦労しました。耕地面積が大規模ですから、牛を作業に使っていました。この辺りは戦争中、厚木基地があったので、警戒警報があると、牛を山に避難させたものです。

今でも不思議だけれど、防空演習で小作の人が「今に、貧乏も大臣も何もなくなるんだ」って言っていたのを覚えています。誰からその言葉を聞いたのか、今でも覚えています。よくあの時代にとおもいます。

また、戦争の足音が迫ってきているようで恐ろしくなります。子や孫、ひ孫には平和な良い時代が来ればいいとそれだけを願っています。

結婚と辛かった嫁姑関係

村で女学校を出たのは二、三人くらいでした。当時は、貝原益軒の「女大学」が女性の生活規範でした。女学校時代の先生が、「お姑さんが「カラスは白い」と言えば、「はい、さようでございます」と言わなければいけない」と教えていた時代でした。教育者からしてそうですから、女性の権利など何もなかったはずですね。ただ、その女学校で作文や詩を褒められたことが、書くことを好きになった理由かもしれません。

昭和二十（一九四五）年十二月に結婚しましたが、婚家は、私で十四代目の自作地主で、自分の自作田んぼの他にさらに土地を借りて耕していました。田んぼが二枚くらいあって、農地解放で手元に一枚残りました。今はアパートが建っています。自宅の方は京急の線路上にあったので移転しました。

夫を含めて七人兄弟姉妹と舅姑という大人数の家族でした。舅は温和で良い人でした。だから介護も嫌とは思いませんでした。姑は、周りから「あそこの姑に仕えられたら、どこに行っても大丈夫」と言われるほどきつい人でした。姑は、昭和四十二（一九六七）年に亡くなりました。

今となっては、きついおばあさんがいたから今の自分があったのだろうなあと思えるようになって、毎日、手を合わせています。

克美さん　時代が変わった、そのときちょうど、母は青春真っ只中でした。戦争で価値観がころっと変わってしまったことは、若かった母には衝撃的な出来事だったでしょう。しかも、こうして、戦後、すべてが変わったはずなのに、明治以前の家族制度がそのまま残ってしまったところに嫁いできてしまったのですから、母にとっては、まさにカルチャーショックだったと思います。

――渡辺さんの生活にとって本を読み、文章を書くことの意味は何でしょうか？

とにかく、本を読みたい、それだけでした。書くこと、それも自分を落ちつかせることに通じる大事なものでした。

姑は、私が昼休みに本を読んでいるのを見て「百姓の嫁が本など見ていてこの身上が継げると思うか」と、ぴしゃり入口の戸を閉めるかのようにいわれた。それから私は野良で、弁当やお茶休みのとき、少しでも読もうと努めた。

（渡辺コト『続道べの草』、潮汐社、一九八六年、一一頁）

お正月、お盆、お祭りと、一年に三度は実家へ行くことが許された。……そのころは、化粧も外出もしなかったので、野良着さえあれば別に小遣いがなくても過ごすことができた。

（同前書、一三頁）

どんなに疲れていても、夜一時間ほど必ず書きました。この二冊（『道べの草』『続道べの草』）に収録したどの文章も、そうやって書きためたものです。夜寝る時も本を読んでいました。夫が本の虫と呼ぶほどでした。畑に出ていても本を読みたい、それで、小姑たちが読んだ本を物置の裏においていたものを持って畑に出ました。弁当を食べたらすぐ本を読むのです。古典なら最初の方は諳《そら》んじられます。どうしてあんなに本が好きだったのでしょうか。嫁としての生活がつまらなかったのかもしれませんね。

悔しい思いを書いておこうかと思ったのでしょうね。そういうものがあれば、友達がいなくても夢中でそっちに打ち込めるでしょう。「ここにこういう文章を入れた方がいいかしら、ここに結句を持って来ればいいかしら」なんて考えていれば、いやなことも忘れられますよね。

高度経済成長期、街並みがどんどん変わっていきました。

高度経済成長期になって、街がどんどん変わってきて街中で畑ができなくなりました。この辺りも市街地になって、最後の畑一枚を残して畑をやめるというとき、良い畑の表土だけ移動させました。先祖が大事に作り上げてきた表土だけは、手放したくありませんでした。それでも、結局は、残した農地でも耕作は無理になって耕作をやめざるを得ませんでした。今残っているかつての大地主も、みんな不動産業になっています。

――農業を離れるとき、どんな気持ちでしたか？

農業をやめるとき、寂しいというより、ほっとしました。姑がやっていた野菜売りを引き継ぎ、リヤカーを引いて野菜を売って歩きました。戦後、この辺りには社宅もできて、サラリーマン家庭も増えたので、ひき売りをしていました。なにしろ結婚するまでそんなことやったことありませんから、商いに行くのは足が震えたほど恥ずかしくおもいました。それなりの給料を得ているお宅の奥さんに「月給が入るまで待っていてもらえますか」と言われて、「もちろんいいですよ」と返したとき、「そうだ、私は自分の土地で野菜を作って売っているのだ、それはちっとも恥ずかしくないことなのだ」と思えるようになりました。この経験もよい勉強にはなりました。

――今の農政についてのお考えを聞かせて下さい。

市街化が進んだ地域の農家はそれでもまだ「売れる」「転用できる」のですが、猫の目農政のあおりを受けて、地方に行けば農家の問題、たとえば後継者問題などは深刻ですね。継続できる農業環境が必要です。

政府が進めた農業政策は、その地域によって違いますが、貯金をしてくださいというより、営農の指導をいただき、日本の国の食料自給率を上げていただきたいと思っています。

——ご自分が姑になって、お嫁さんとの関係についても書かれていますね。

嫁を迎えて、姑である私が変わらないとだめだと思いました。時代が変わったのですから。そう、自分が変わらないとつまらないでしょう。自分が育った時代が一番大変なのかもしれませんね。

——今の暮らし、一日どうやって過ごされていますか？

朝起きてお風呂に入って、食事が済むと新聞を読みます。終わったら散歩、一時間歩きます。散歩に行くと知り合いに会えるし、川沿いを歩いたり、そこで俳句を作ったり、帰宅すると昼です。昼寝をして、起きてから俳句の本を読んだりしながら、自由に過ごしています。もともと百姓だったので、土をいじるのは好きです。一生で今が一番幸せです。隠居の身になって、本当に今自由ですから。一番幸せ。

渡辺コトさんは、「女の階段」で仲間たちに「変わろう、変えよう」と訴えてきました。その時の記事を最後に引用します。

婦人部役員、なぜ敬遠？

渡辺コト

歳月は音もなく静かに流れ、正月と思っているうちに、もう立春をすぎてしまい、そろそろ農協婦人部の役員交代の時期となりました。誰もが役員になるのを敬遠します。私もその一人です。考えてみますと、自分たちの農協の婦人部役員になることを、どうして逃げ腰になるのでしょうか。その根本的な原因を探し、是正してゆかねばならないと思います。私どもの班でも、二年間ずつ順番に受けることに決めてありますが、番が回って来ても、手のかかる老人や小さな子供のある人は、やれる境遇になってからしてもらうことにして、抜かしております。やれそうな方でも、強硬に拒否する方もあります。このままで行ったら農協婦人部は、ある壁につき当たるのではないでしょうか。班長や役員を拒み続けてばかりいないで、なぜみんながいやがるのか、その原因は何なのか、みんなでよく考え話し合い、身近な理事さんに相談し、良い方向にもってゆかなければならないと思います。役員になることを、負担に思わずに受けられるような態勢にならない限り、真の婦人部の発展は望めないのではないでしょうか。改めるということには必ず抵抗がありますが、それを避けては前進できません。この問題を今年の婦人部活動の一つの課題として取り上げていただきたいと願っております。

（「女の階段」投稿、『日本農業新聞』一九七七年二月十七日付）

インタビュー

後藤ミンさん

原発事故はこれまでの努力をもぎとっていきました

後藤ミンさんは福島県福島市在住。有機栽培農家を営む。後藤さんは、学び、行動する人である。何よりも安全で美味しいものをと、そればかりを考えてきた後藤さん。3・12直後の落胆は、いかほどであったろうか。大事に作った有機堆肥が約束していたはずの安全性も自然との共生も、原発災害は一瞬にして奪い去った。福島の原発災害現場から、眼病をおして綴られた後藤さんの最新のメッセージをインタビューの最後に掲載した。

後藤ミンさん

福島第一原発事故は、有機農業の誇りも夢も奪いました。

――3・12で、ここから見える美しいりんごも被害を受けたそうですね。

原発事故はこれまでの努力をもぎとっていきました。東京電力福島第一原子力発電所の事故は、自分の人生において、決して想定したことのなかった出来事でした。

私は、安全な食べ物を孫たちに、そして消費者に届けたい、作り手も安全に農作業をやっていきたい、そう思ってきました。何年もかけて、有機質肥料も作りました。苦労して作りつづけてきて、あの年も、それをやっと混ぜ終わり、発酵させる段階に来ていました。その矢先にあの原発事故が起きました。すべてが台無しになったような思いでした。

前日、その有機肥料にはビニールシートをかけたり筵《むしろ》をかけたり、それも四重ぐらいに覆いをしておりました。でも、空中浮遊するセシウムなどによる汚染のことを考えると、怖くて不安になって使えませんでした。化学肥料を使わないようにということで有機肥料にしたのに、その有機肥料が汚染されるわけですから。それ以降は、化学肥料でもなんでもいいやという気持ちになりました。そう、糸が切れちゃったように……。

あれ以来、三年間肥料も何もまったく使わず、自然にまかせたままにしています。それでも、今年、立派なりんごができました。それまで施肥した肥料が効いているおかげなのでしょうか。それまでは、野菜も何もかも安全第一で作って孫たちにも送っていましたが、それもやめました。

風評被害どころか、これは実害です。

わが家のあたりの土壌は粘土質です。果物だけで言っても、サクランボから始まってモモ、ブドウ、ナシにリンゴなんでも美味しくできます。

オリンピックの建設現場の方に人手が取られてしまい、除染はすすんでいません。市からは放射能感知のガラスバッジが配られましたが、私などはつけませんね。ただ、放射能って、痛くもかゆくもありませんし、目に見えません。だからこそ怖いのです。

現時点（二〇一六年十月）では、木は除染されましたが、土壌のほうは除染が未だ行き届いていません。この十二月中旬（二〇一六年）から始まるのだそうですが、こうして放射能が目の前にあるのは恐ろしく感じます。

除染した土はフレコンパックに入れられて道路のすぐそばに積んであるのです。私たちは、いつもその道路を行き来しています。私たちにとって、放射能は目に見える存在、そこに実在しているものに思えます。私たち福島の住民はそういう実在しているものと一緒に生活し、農業を続けているのです。これは「風評被害」ではなく、「実害」なのです。

――今、農作業はどのようにされているのですか？

夫の死後、農家経営もだいぶ縮小しました。田んぼとリンゴ園の多くは、リンゴのお客さんを含めて農家の仲間にお願いいたしました。知り合いの中には「なぜ任せたの」という人もいましたが、一人ではどうしようもないし、私は失明のリスクを抱えているので仕方ありません。でも、その方々は、私などよりもよく頑張ってくれているのでうれしく思っています。

今年もね、美味しそうなリンゴになりました。米糠や魚粕、油粕、籾がら、くず米等々の肥料から醸し出される味なのかなと思います。

息子が農業をやらないと宣言したことで、私がすべての土地の権利を相続し、管理することになりました。息子は夫が立ち上げた不動産業で現在働いております。

娘は結婚して川崎に住んでおり、孫娘は臨床心理士として働いています。もう一人の孫（男）は神奈川の大学を出て、原発事故後に福島へ来ました。現在、社会福祉法人で介護の仕事に従事しています。そして、隣に住んでいるので、私が朝ごはんとお弁当作りをしています。

ここがあることで、息子や孫の居場所がある、それも大切なことだと思っています。

有機農業に夢を抱いて

――いまもそうですが、ずっと有機農業をやってこられましたね。


NHKラジオ番組「私の本棚」で、山形県高畠町で有機農法の先駆者であり詩人でもある星寛治さん*の著書『鍬の詩』が放送されました。感動して本も読みました。

有機農業にロマンを感じました。目覚めたという感じでしょうか。星さんのところに何度も出かけて、時には泊まりがけで研究会に参加もしました。その時に知り合った方の中に後に「あんぜんなたべものや」を立ち上げた方がおられました。私はその方の勉強会に今も行っています。食の安全だけでなく、認知症とそれとの関わりでの介護のことまで、幅広く勉強することもあります。

また、境野米子さん**が「消費者の会」を、そして私たち農家が「生産者の会」をつくって「生産者と消費者を結ぶ会」をずーっとやってきました。しかし、私は眼病のこともあって途中で退会しました。

農業者大学校（当時は東京府中市にあった）に講師として呼ばれて、「農業の生活」というテーマで一泊二日の講義をしたこともありました。こういう機会を通じて多くの知り合いができました。

＊星寛治さん　山形県高畠在住。日本の有機農業の第一人者。多くの本を執筆される農民作家でもある。

＊＊境野米子さん　薬剤師でもあり生活評論家でもある境野さんは都立衛生研究所で食品添加物や農薬などに関する研究を行い、その後福島市に移住して有機農業運動を広げる活動をしてこられた。しばらく前から福島県の教育委員会の仕事にたずさわってきたが、現在は療養中である。

――リンゴのお話を聞かせてください。

三十年以上続けてきた「りんご便り」も最終号です。残念です。

それは忙しい毎日でした。特に、リンゴの最盛期には送る先の宛名はすべて手書き。今はパソコンですが、当時は寝る暇はありませんでした。いつも、こたつの中でいつしか眠ってしまっている状態でした。そういう時には有機農業の消費者の人たちが手伝いに来てくれました。また、お客様には生産者としての私の心をお伝えしたいと思い、リンゴ箱に短歌を入れたお便りを添え三十年にわたって送らせていただきました。

こんな忙しい私を見ていたので、娘は専業主婦という道を選んだのかもしれません。夫も防除が必要な時など、仕事に行く

後藤さん方の立派なリンゴの木

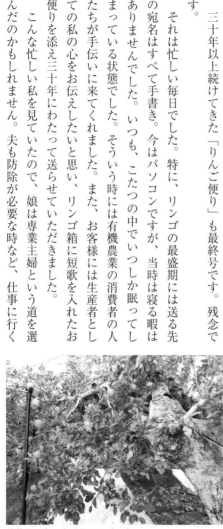

前に手伝ってくれました。

私は読書嫌いではないけれど、忙しくて読む時間をなかなか取れず残念に思っていました。やっと時間ができそうになったら、今度は眼病で読むことが困難になりました。これまで三十年を超えて続けてきた「りんご便り」も書けなくなりそうです。とても残念です。

丸岡先生の言う「行動」は、家の中だけで完成されはしない。

――後藤さんは、いつも、政治に対して毅然と意見を表明してこられました。

丸岡秀子先生は、常に「自己を見つめなさい。考えて、そして行動しなさい、」そして「書きなさい」と私たちに伝えてこられました。ただ、その「行動」の仕方にも違いがあると思うのです。一つは、農業をやり、家の中の仕事もやって、家族を守り自分を磨く、いわゆる良妻賢母としての行動で完成されてしまう「行動」です。

もう一つの「行動」の形は、さらにその先に一歩踏み出ることでしょうか。

農家を苦しめ、自分たちの生活を脅かしているものは何か、その根源をしっかり知り、行動することまで含めて「行動」なのだと理解することなのだと思います。

有機農法をやるだけではなく、農政への批判や平和の問題にも明確に意見を述べて、さらに行動をすることはなかなか大変なことですが、私はそういう姿勢を貫きたいと思ってきました。

――自分の意見を表に出しづらい農村にあって、意見し、行動することは難しく苦しいことですね。

確かに、農村に限らず、出る杭は打たれるということは当たり前という社会ですね。五十年近く前に、私は農協婦人部の県大会へ参加する機会がありました。そこで意見を出したら、幹部に「そんなこと、若い時は言うもんじゃない」と言われました。そうやって何度も打たれ続けて……。ですから、自分はどうやってみんなと仲良くやっていくか、どうしたら自分の言うことを分かってもらえるのか、信頼を得られるのかを考えながら行動してきたつもりです。それでも、当たり前に自分の意見を表明するだけで目の前に大きな壁が新しく作られる、そういう経験を随分としてきました。

——例えばどのようなことがあったのでしょうか。

農協の若妻会で会長選挙が行われることになりました。これまでずっとやってきた会長が辞めるということになりました。選挙をやるといつも私が二番目だったので、今度はやるしかないかなと覚悟を決めていたのです。ところが、農協の担当の職員が、辞めると言うその会長を知らぬ間に説得して会長職を続行させたのです。続けて、若妻会に三十七歳定年制がつくられました。私はちょうど三十七歳でしたので次の年には終わりになりました。

そういう経験を経て、みんなのために、意見が異なる人たちにも理解してもらいながら仲良く農業をやっていくにはどうしたらよいかを考えながらここまでやってきました。

——がっかりすることはあっても、その経験をバネにより強くなるということですね。絶望やあきらめはないのですね。

もちろん、いくら理屈を話してみても、理解しあえない人たちもいます。闘うことはつらいし孤独なこともありますが、若い時から何を言われても痛くもかゆくもないと思ってきました。私には、幸い、しゃくなげ会（『日本農業新聞』愛読者の会）の人たちや有機農業の仲間がいました。だからここまでやってこられたのです。

――記念誌第七集に所収されている姪御さんのアメリカ人のお連れ合いの話は衝撃的でした。

そうなのです。彼らがこちらにきた時は、彼のほうが驚いたと思いますが、私たちがアメリカの姪（夫婦ともに弁護士）の家へ行ったときには、姪の夫が一種懸命に立ち働く姿に逆に私たちのほうがびっくりしたのです。姪は小さい子どもがいたせいもあるでしょうが、何もしないで座っていたのですから。

難題、男性の意識改革

後藤ミン　五十六歳（福島県福島市）

アメリカに四十年も住み続けている兄家族がいます。先日、めい夫妻が来日した時、こちらの私たち兄弟縁者が集まって歓迎会をしました。私をはじめ女性たちはごちそうを作ったり、接待のために台所と会場を忙しく行き来し、一方、男性たちは腰を据えて酒を酌み交わして歓談していました。この時、めいの夫（アメリカ人）が「お……日本女性は奴隷なのか」と非常に驚きの様子で質問したのです。この質問に私はほんとうに胸を突かれました。しかし、農村では残念ながらこのような光景はごく当たり前になっています。私たち農村婦人は男性と同等、またはそれ以上に仕事にも打ち込んでいます。

さらに育児や衣食住のどれも婦人の肩に重くのし掛かるものばかりです。家族の健康一つ考えても、野菜を作ること、調理、加工など暇なく小走りに動いているのが実情です。夫はといえば食前後だけでも私の数倍も新聞などに目を通しています。身近にいる夫だけでもなんとか人間同士の博愛の意識をよび起こしてほしいと諸々の働きかけをするのですが未だに実りません。家族みんなで家事も済まして自由時間をつくれたら、もっともっと新聞も本も読み心を潤わせ、胸を膨らませ、生きることがもっと活気に満ちるようになるでしょう。農村女性の意識改革は男性の意識改革をどう進めるかとの難題をはらんでいると思います。

（『「女の階段」手記集』第七集、一九九四年、五六―五七頁）

――ご実家も農家でしたね。

そうです。苦労がわかるからでしょうが、実家の両親は私が農家へ嫁ぐことには反対していました。それでも「食料を作る大切な仕事なのだから、私もやらなければ」と思いながら結婚したつもりです。

若き日に農業を選んだことは汗や泥にまみれてもそれが不幸にいたるとは思わない。命を育む農業には夢を感じました。

――「嫁」としての生活はいかがでしたか。

私が嫁に来た時、姑はまだ四十八歳でしたが、家事はほとんどやりませんでしたから、いきなりすべてが私の肩にかかってきました。

夫と私は青年団活動で出会いました。青年団の男性たちも「男尊女卑の部分があるな、ダメだな」と思ってはいました。ただ夫は色々と苦労してきた人だから、その分、他人にも優しくできる人だろう、二人なら理想に近い家庭を作ることができるだろう、家事にも育児にも協力してくれる人なのではないかと自分なりに考えて結婚しました。時代も変わっているし、昔からの習慣も変わっていくと思っていました。本当に、この時代は民主的な空気が満ちていましたので、結婚すれば同等にやっていけると思っていました。

でも、現実はそんなに簡単なものではありませんでした。夫も古い考え方のままの人でした。周囲が皆同じような環境ですから、夫だけが違うと考えるほうがおかしかったのかもしれません。いろいろ事情があって、夫は結婚当初からサラリーマンとして働くことになりました。ですから、夫が勤評闘争の集会などへ出ることもありました。それを見て、私は夫がもっと民主的な家庭生活を営める人になってくれるのではないか、そう期待しましたが、そうはいきませんでした。

今日は珍しく家族がみんな出かけ、客も見えず、ひっそりと自分の歩みを振り返る。病弱な家族を抱えながらも、なんとか共に農業で生きようと言ってくれた夫の言葉を頼りに、若さと意気に燃えて昭和三十六年一月、結婚した。その直後に当時の家の経済のやりくりで夫はサラリーマンに変身してしまった。このことは私の人生にとって最も重大な予想外のできごとだった。何も言えずそれを認め、涙したことは生涯私の胸から離れまい。

あれから十六年の歳月が流れたが、いまだにその苦しみを克服しきれたとは言えない。

「農業は夫婦共にすべきもの」を持論にしている私には、それなりの体験からにじみでた理由がある。

今、低成長期を迎えたなどといわれるが、なおのこと夫の収入分を農業で得ることは現実的に考えてみても実に難しい。七十歳をとうに超えた義父が、いつまでも元気で働けるはずもないことを考えるとき、目前の暗さを感じてしまう。私と同じように主婦農業に追い込まれている仲間がたくさんいることも、身につまされる思いだ。

（連載「母ちゃんがんばる　後藤さんのりんご日記」より抜粋、『日本農業新聞』一九七六年十月—一九七七年二月）

——後藤さんが、女だけが家事をするのはおかしいとか、男女平等のことを考えるようになったきっかけはなんですか？

終戦のとき、私は小学校二年生でした。教育の民主化が進む中、中学の時に赴任してきた先生がとてもすばらしい先生でした。楽しい話をたくさんしてくれました。

中学校には資金もなく経営が大変だからかどうかよく分かりませんが、先生と生徒がみんなで一緒に「ドン・キホーテ」などを演じたりしてお金集めをしました。校長先生がサンチョ・パンサ、担任がドン・キホーテ、みんな一緒に一生懸命練習しました。それで少しお金もいただいて学校の運営に生かしたのだと思います。演劇も、その他のさまざまな取り組みも、男女の区別なく一緒におこなうことで、男女は平等なのだという意識が芽生えました。民主教育の成果ですね。

高校生になったころには、かつてあったような、「女性が一歩下がって」などという考えは周囲からも消えていました。高校の担任の先生は福島県立高教組の初代委員長になった人で、そういう影響かもしれませんが、とても民主的なひとでした。本当に教育の影響は大きいと思います。

――これまで農政をご覧になってきて、実感することはなんでしょうか。

まず、農業潰《つぶ》しがここまで進んだことには農協の責任は大きいけれども、農業人（農民）の力不足ではないかと思います。農民も農協とともに歩んでくる中で、羽交い締めにされ、丸め込まれて、それに男性がどっぷり浸かっている様子をみてきました。だから、JAの人も農民も外圧に負けない理論を学び身に付けるべきだと思います。そして何よりも主権者の一票を無駄にしないことです。

当時私自身は、農協より有機農業を進める人たちとの関係ができて楽しく農業を行うことができましたが……。

――これだけ手塩にかけて土作りをしてこられた農地、後継者の問題をどうお考えでしょうか。

今、近くの農家の数は半減し、そのうち専業農家は二軒しかありません。その専業農家でさえ、原発事故後に後継の息子さんは他産業に働いていると聞いていました。彼は震災で農業ができなくなった実家のために大学を休学しました。その後復学して今は農業をついでいるようです。もう一軒は脱サラご夫婦（両親が農業）による就農です。

私も農業に精を出しながら、作り上げてきた土地をどうすべきか自問自答している日々です。もしも、自分が一生懸命に有機農業を続けていれば、いつしかこれに共鳴してくれる人が出てくるに違いない、ずっと私はそう思っていました。その人に農地を譲って後を継いでもらいたい、そう思った事もありました。しかし、現実に自分が農業をできなくなってみると、そんなに簡単ではない事を実感しています。農地は、ある人にとっては先祖から受け継いだものという思いもあるでしょうし、私にも、これまで何十年間もの間、一生懸命に作物を収穫してきたという思いがあります。

これまで幹線道路が通ろうとも、地価が高くなろうとも、農地を減らさずに来ました。でも、農作業ができなくなってきたら、その土地が誰かの役に立つ福祉施設のような用途のための用地になるのもいいかな、とか……とにかく、農地でなくてはいけないという思いが薄れていくのです。その一方で、自分で耕作せずに農地を借り手の方に担ってもらうことへの申し訳なさもありますし、でも懸命に耕してきた土地は愛おしいし、複雑な感情です。では、どのような形がいいのか？　自分でもイメージが浮かんできません。

いま、日本中に限界集落が出ています。もちろん素晴らしい人たちが入って、集落を再生する取り組みもありますが……。食べ物は誰かが作ってくれるとの思いが何

自宅前のりんご畑で。今年も美しいりんごが実る。

処かにある。こんなことで本当に良いのかとも思います。私たちはこの大事な地球に感謝しながら生きて行きたいと思います。

子どもが継がないならば、先はどうなるんだろう?と考えてしまいます。でもそんなことばかりを考えていてもいけないと思っています。

後継者がいないのであれば、私たちは自分自身のことを考えねばなりません。どうすれば、老後をきちんと最後まで過ごすことができるのか、これは体力維持だけの問題ではないのです。それが、集まりに出ても、足腰を丈夫にするための運動で完結してしまって、政府の福祉政策にまでは話が及びません。それは仕方ないこととは思いますが、私はそういう話もきちんと考えていきたいのです。

原発事故のフクシマから私は訴えます

後藤ミン（福島県福島市）

あれからもう七年が経ちます。安倍首相はオリンピックを開くにあたり、「放射能はきちんとブロックされています」と世界に向けて宣言しました。原発事故をないものにしたいのですね。

県民は一生懸命に努力はしています。しかし、本当は大変なのです。「何をブロックしているのだ」県民として言わずにはおれない。たとえ事故にならなくとも、原発稼働の末には必ず「カス」が出るのです。それをどうするかの計画も日本では出来ていません。

どんなに大事な電気がたくさん出来ても、世界中でも完璧な所はありません。この「カス」にもすごく恐ろしい放射能がたくさん入っているのです。それなのに安倍首相は外国に原発を売っています。

地球はどうなるのですか？　フクシマを再びくりかえしてはなりません！

「フクシマだからよかった」こんなこと言った大臣がいましたが、地球上にそうなってよい所など有りません。

この美しい地球を、そして日本を自然エネルギーに頼りながら生活していこうでは有りませんか。

フクシマから私は訴えます。原発ＮＯ!!

（二〇一八年一月二十一日）

第六章　農家女性を追い詰める「日本型福祉社会」

一　介護する側から介護される側へ

初期の「女の階段」には、親の代の介護に明け暮れる「嫁」や娘としての投稿者たちの姿が書き綴られていたが、一九八〇年代からは自分自身の老後を見据えた投書が増えてくる。二十歳代で嫁となり、六十―七十歳代で親たちを見送って、はたと気がつけば次は自分自身が介護の対象になる日が間近かに迫っていた。

いつ終わるともしれない介護の辛さを、次の世代は背負うことができるのだろうか？――それは、自分自身が介護で苦しんできたからこそ感じる強烈な不安だった。

家の跡取りだけが、こうも難儀をしなくてはと思うと、明治生まれの親たちに仕え、若い世代の嫁たちと付き合う〝サンドイッチ世代〟に生まれたことを、うらまずにはいられない。紙面で紹介された皆さんと同じような思いをしている。「いつか自分の時代が来る」と長い間頑張ってきたが、私には自分の時代はないし、終わりそうです。

岡山県、女性、六十二歳

（「窓を開けて」第一部、「ルポ相続」反響特集（下）、『日本農業新聞』掲載。『女の階段』手記集』第八集、二一九頁より重引）

長年「女の階段」に継続的に投稿を寄せてきた女性たちの多くは戦後民主主義のもとにありながら、あいかわらず家父長制的イデオロギーが蔓延する農村で悔しい思いを飲み込んで生きてきた、いわゆるサンドイッチ世代である。サンドイッチ世代とは「明治生まれの姑につかえ、戦後生まれの嫁との間に挟まれる世代」（『日本農業新聞』「窓を開けて」）とされる。

この世代の女性たちは、自身の半生を介護に捧げ、いつか自分たちも嫁を迎えたら、それで自分は「嫁」としての役割から解放されるものと期待し、毎日を耐えてきた。その一方で、この世代の女性たちは、それまでの女性たちが背負ってきた不条理さを自分の代で終わらせたいと考える先進性をも身につけているのである。つまり、サンドイッチ世代とは、実は自分自身の中にある相克する感情に、葛藤を余儀なくされる世代のことでもあったのだ。

「女の階段」の女性たちは、自分自身が介護を受ける身になる時期が近づいていることを実感しつつ、この二つの相反する思いに自問自答を続けている。そして多くの場合、自分の介護に話が及ぶと、自分たちの世代がやはり次世代を解放できずに終わることを、ため息をつきながら認めることになる。

どうしよう――人生の総仕上げ

藤田美代子（広島県豊田郡）

先日クラス会に出かけた。食後それぞれが大きな薬袋を取り出して飲んでいる。「一病息災と言うけれどいくつ病気を持っているの」と私は問いかける。大変な体をおして出かけてきたと言う。「舅、姑を送って、ほっと一息ついて、これからが私の人生と思ったら。このていたらく、義兄妹のこと、金のこと、苦労の連続」と愚痴る。

考えてみる。老後のあり方を。それぞれの年寄りを送ってみて、もうこのつらさは息子たちに味あわせたくない、できればホームに入りたいと言う友もいた。

昔なら三世代が同じ屋根の下に住み、年寄りは家族みんなでみとってきた。当たり前のことが当たり前でなくなった。困った世の中。年だけはへだてなくやって来るのに。老年期は人生の仕上げの時であり、準備をして迎えるものと聞かされてきた。

さて私はどのような準備をしたらよいのか。経済的なゆとりといっても、今さら金をと言っても、遅すぎる。他人に好かれるお年寄りになりたいが、自分の性格が今すぐ変わるわけにはいかない。となれば健康で老年期を過ごし、できるだけ息子たちに迷惑をかけないよう、体力作りに専念すること。

ああどうしよう人生の総仕上げがこんなにも苦労とは知らなかった。老いは、やっぱり嫁に素直にお願いしますと、頭を下げよう。老人ホームも、施設もそばにあるけれど、やっぱり私は孫や嫁に手を取られて静かに黄泉《よみ》の国に旅立っていきたい。

（『「女の階段」手記集』第八集、一九九七年、六四―六五頁）

介護者としての女性たちの投稿からは、ストレスに満ちた毎日で生じる怒りや不安を、やっとの思いで舅や姑の老いに対する憐れみに置き換え、繊細なアンテナでとらえた小さな喜びの瞬間をエネルギーに変え、辛い日々を乗り切ろうとする意思が読み取れる。それは、力が弱くなり自分なしには命をつないでいけない老親を前に、自問自答する中で発せられた言葉だった。

その意味で、これらの投稿は、彼女たちがおかれた状況から抜け出ることも外部に救いを求めることも困難な中にあって、追い詰められた自分をも救済するための手段でもあった。

しかし、投稿に刻まれた哀れみや慈愛の言葉の一つ一つが、大変な葛藤を経たものであることを知っている「女の階段」の女性たちは、次の世代に同じ道を歩ませることの困難さをも理解している。自分と同じように介護と向き合う女性たちに向けて、その苦悩を共有し、エールを送ろうとする前向きな投書が実名入りのものの中に多くみられるのは、それゆえであろう。

反面、一九九六年度に年間企画として『日本農業新聞』で連載された「窓を開けて」シリーズやその反響特集で取り上げられた多くの仮名によるインタビューや匿名による投稿には、「嫁」の怒りと涙が満ち溢れている。「長男の嫁だから」とさんざん介護を押し付けられた挙げ句、相続の席に同席させてももらえない。夫を亡くしてから一〇年間、汚物まみれになりながら舅を介護してきたにもかかわらず、「三〇年以上住み続けた家屋敷の新しい登記簿謄本」に名前が記されることもなく、田畑も山林もすべて分割されてしまった女性の口からは、慈愛の言葉など出てくるはずもない。

夫先立ち、舅の介護一〇年　かやの外（上）

舅《しゅうと》より先に夫を亡くした嫁の立場とは、こういうものか――。結婚以来、三十年以上住み続けた家屋敷の新しい登記簿謄本に、澄子（六〇）＝仮名＝の名前はなかった。

舅が亡くなり相続になった。謄本には夫の弟二人と妹の名、それに自分の長男の名が並んでいた。「あなたの長男も共同名義人なのだからいいじゃないか」。義弟たちの言いぐさが聞こえるようだった。田畑、山林は、ばらばらに分けられていた。

舅を介護して十年。夫はその途中で病没した。舅の遺産相続問題で、終始一貫、本家の嫁である澄子は〝かやの外〟だった。

怒る気にもなれなかった。義弟も義妹も目と鼻の先に住んでいる。これから先の付き合いを考えると、もめたくなかった。「夫さえ生きていればこんなことにならなかったのに……」。

◇

昭和五十六年、七十五歳になった舅が床についた。泌尿器系の病気で、動くのをおっくうがるようになった。失禁が始まり、寝込みがちになった。

玄関わきの日当たりの良い部屋に舅のベッドを置いた。舅の就寝時間は夜九時。それ以降は物音一つ立てるのも気がひけた。

朝昼晩、家族の食事の前に舅に食べさせた。夫は「じいちゃんがうらやましがるといけない」と、晩酌のビールを台所の隅であおった。優しい人だった。

朝ごはんの後始末が終わると、舅の体をふいて自宅の下の小さなため池で、おむつをすすぐのが澄子の日課だった。冬は薄氷をこつこつ割って洗った。ゴム手袋はうっとうしいからと、いつも素手で洗った。

頭のしっかりしている舅は、用が済むとすぐに「汚れとる」と澄子を呼んだ。紙おむつを使えば月に二万円も三万円もかかる。つましい生活に慣れた澄子にとっては、自分の体が動くうちはと、当然のことのように自宅介護を続けた。

ある雪の日、ため池の土手はひどくぬかるんでいた、いつものようにおむつをすすいでいる最中、足が滑った。頭から池に突っ込んだ。寒いより冷たいより、汚物まみれになった自分がみじめだった。

◇

舅の介護の最中、昭和五十九年、夫ががんで倒れた。手術で持ち直しはしたものの、六十一年に帰らぬ人となった。五十七歳だった。

（「窓を開けて」第一部、「ルポ相続」3、『日本農業新聞』掲載。『「女の階段」手記集』第八集、二一一頁より重引）

この女性のルポルタージュを読んだ匿名の十六歳（！）の女性からの投稿が、「反響特集」に掲載されている。

私の母も損ばかり

女性　十六歳（群馬県）

一回目を読んで、私の母もそうだから、すごくよくわかる。祖父が入院した時、祖母は母に任せきりで、見舞いにもいかず、世話をする母をばかにした。祖父も退院すると、すぐに母の恩を忘れた。母は「そんなもんだよ」と言うが、嫁はどうしてこう損ばかりするのだろう。嫁はどこにいってもヒロインになれないらしい。

（「窓を開けて」第一部、「ルポ相続」反響特集（上）、『日本農業新聞』掲載。『「女の階段」手記集』第八集、二一七頁より重引）

また、同じく〝特集〟に掲載された次の投稿にも目を向けたい。

勇気づけられた

女性　五十七歳（長野県）

舅《しゅうと》の死で、夫が相続の手続きを始めた。三人の姉は姑《しゅうとめ》を抱き込み、ありとあらゆることをデッチあげ、私を悪い嫁に仕立てた。私は夫に「無給で働いた二十六年など惜しくないから、今すぐ出て人生をやり直す」と告げた。相続は決着しても、不信だけが残った。親の介護は女たちの肩にのしかかる高齢化時代の均分相続は、数々の問題をはらむ。相続権のない嫁に、義父母を扶養し介護する義務がある――などと錯覚しないで。女性

の地位向上は家庭の民主化からだ。自分の屈辱と不信の心に窓を開けたい。（同前）

実名で「大変だけれども頑張ろう」とエールを送る投稿が、介護から解放されず助けを求められない現状にあって毎日を乗り切る術を模索する真実の声だとすれば、女性に介護を押し付け、無償の愛（文字通り経済的な意味でも無償の）を強制する現状への怒りを記したこれらの匿名の投稿もまた、国家と社会が押し付ける「家族介護は麗しい家族間の愛情の表れ」という「家族」の幻想を打ち砕いていく。

それればかりではない。先の「窓を開けて」シリーズが連載されていた一九九〇年代にはすでに、「嫁」や娘の圧倒的犠牲の上に成り立つ介護システムは、都会ではもちろん、農村でも成り立たなくなっていたのである。すでに農村では後継者が減り、たとえ息子が後を継いでも「農家の嫁」は圧倒的に不足している。また、二種兼業農家が大多数となり、農外収入で農業を支えるまでになっている現在、女性を介護に縛り付けておくだけの余裕はすでに農家にはなくなっている。このことを一番よくわかっているのは、かつて義父母を看取り、今、自分の老後をどうすべきか苦悩する「サンドイッチ世代」の女性たちなのである。

なぜ、女性ばかりがこの問題で悩まなければならないのだろうか？　最後に、この問題を考えてみたい。

二　介護を家族に押し付ける「日本型福祉社会」

戦後の日本では、まずは貧困層に対する当座をしのぐための「救貧」政策を出発点とした福祉政策が急務であった。それは、食料をはじめとする生活必需品の圧倒的不足や戦争で障害者となったり、配偶者を失った者、さらに復員してきた元兵士の生活保護や失業対策から始まったものであった。それはそののち、貧困への「対症療法」的政策から低所得者層が貧困に陥ることを防ぐ「防貧」政策へと発展を遂げていった。[*1]

他方、農村部では多世代が同居する割合が比較的高かったこともあって、高齢者福祉を図る独自の政策が必要だという社会的意識は広がらなかった。[*2]

戦後の福祉政策を充実させていくための財政的な裏付けを与えたものは高度経済成長だったとはいえ、経済成長に伴って戦後の福祉政策の進展が自動的にもたらされたものではなかった。労働組合や市民団体が集会を開くなど、国民が福祉の充実を求めて声をあげ続けたこと、[*3]そして一九六〇年代後期には革新自治体が誕生し、公害問題や都市部の過密、農村の過疎化等の問題への関心が高い状態にあり、反公害などの市民運動もさかんに行われていた。これらの声に「妥協」することで支払わなければならない代償は、体制維持のためだと考えれば安いものだと考えるだけの余裕が支配層の側にあったことが、結果的に福祉の向上に寄与したのだとも言える。

しかし、一九七四年のオイルショック後の低成長と国際競争の激化で余裕がなくなると福祉予算の削減を正当化するために、誰もが反論できないようなキャンペーンを行うことが必要とされた。そこで持ち出されたのが、将来的に高齢化が進行し、このままでは財政破綻が免れない。そのツケは誰が払うのか？　結局、国民全員がその負担を背負うことになるのだが、それでいいのか――という理屈である。これは、賃上げを要求する労働組合員に対して財界が一丸となってこれを拒絶しようとした時に用いたのと同じ理屈である。「結局だれが支払うのか？　賃上げはそのまま物価に転嫁され、君たち労働者がやはり負担することになる」というストーリーをそのまま転用したものだ。

こうした理屈が打ち立てられると同時に、日本は西欧の福祉先進国など追いかけなくてもよいのだというキャンペーンがおこなわれた。「日本には日本独自の家族関係があり、それは西欧的合理性を私生活に適用させる北欧型の福祉とは相容れない。日本には日本独自の福祉システムが必要である」――それが「日本型福祉社会」論であった。

まず、一九七五年、村上泰亮東大教授、蠟山昌一阪大教授らが編んだ『生涯設計計画――日本型福祉社会のビジョン』が日本経済新聞社から出版され、翌年には村上ら学者人と財界人が「政策構想フォーラム」の提言を出した。彼らは、財界団体や政党のセミナー、マスコミ誌上で、北欧などの福祉先進国を執拗に攻撃した。北欧のように政府に福祉を任せるようになると、家族関係が冷えきり、若者は働かなくなり、高齢者は孤独な生活を送ることになる。だから、北欧では高齢者の自殺率が世界一高いのだ――とくりかえし述べた。これらの批判は自民党の広報委員会が一九七九年に出版した『日本型福祉社会』においてもそのまま使われた言説だった。

実際には、『朝日新聞』が一九七二年十二月十六日付けの紙面ですでに暴露していたように、「スウェーデンの高齢者の自殺率は世界一である」という話はまったくのデマであり、アメリカのアイゼンハワー大統領が読み間違えた統計数値をそのまま演説で引用して世界に拡散したものであったことがわかっている。大統領は、その後、間違いをスウェーデン首相に謝罪したものの、すでに大統領を辞めていた彼の謝罪の言葉の方は報道されずに放置されたのであった。ちなみに、当時、六十五歳以上の高齢者の女性の自殺率が最も高かったのはなんと日本であった。反対にスウェーデンは上位一〇位にも入っていなかったのである。*4

三　自助努力の強制と家族機能への国家の干渉

一九七九年、大平正芳総理大臣（当時）が行った施政方針演説のなかで、「日本型福祉社会」が新たな福祉政策のシンボルとして掲げられた。この演説で、大平は、これまでの「経済の時代」がもたらした物質的豊かさを今度は「文化の時代」へと発展継承すること、また社会のあり方として「日本型福祉社会」を目指すと演説した。*5 さらに、この「日本型福祉社会」を支えるものとして「家庭基盤の充実」と「田園都市構想」がぶち上げられたのであった。「私は、このように文化の重視、人間性の回復をあらゆる施策の基本に据え、家庭基盤の充実、田園都市構想の推進等を通じて、公正で品格のある日本型福祉社会の建設に力をいたす決意であります」。

つまり、大平によれば、日本政府は、福祉の基礎をまず個人と家族の自助努力におき、これを地域内の「思いやりのある人間関係、相互扶助の仕組み」で補塡させることで「福祉社会」を実現していくというのである。

ここで示される「公正で品格のある日本型福祉社会」を担う個人と家庭のあるべき姿は、「自民党政務調査会家庭基盤の充実に関する特別委員会」の『家庭基盤の充実に関する対策要綱』（以下、「自民党家庭要綱」）から読み取ることができる。

そこではこのように書かれている。「家庭は社会の基本単位であり」「老後を養う場であるとともに、家族間の相互扶助の連帯の場であ」るが、その家庭は、今や「経済社会の急激な発展と大都市への人口集中、個人主義、物質主義的な社会風潮等に影響され」崩壊寸前である。これを今一度立て直さなければならない。そのために、「国家と地方自治体および職域と家庭との「役割分担」を明確に」するという。続けて、家庭の「役割」については次のように記されている。「この場合、老親の扶養と子供の躾けは、第一義的には家庭の責務であることの自覚が必要である」（傍点は筆者）。

「自民党家庭要綱」では、「国民個々人の自助努力」「家庭の相互扶助」といった個人と家族の努力と並んで「国の社会保障」と「職域内の福祉」が挙げられてはいるが、「家庭」こそが第一義的な福祉機能の担い手である以上、「国の社会保障」は「恵まれない条件下にあ」り、「本来の」機能が果たせない「家庭」に対するものに退行してしまっている。そうであるならば、「国の社会保障」に頼ることは、その家庭が果たすべき機能を果たせないとレッテルを貼られるようなものである。

「国家権力の家庭への介入は避けなければならない」（自民党家庭要綱）との一文が如何に空虚な

ものであるかは、この日本型福祉社会論を通じて、国家が、「家庭」の人員構成から「家庭」が持つべき機能に至るまで、そのすべてに介入してきていることからも明らかである。それは、まさに「女性に家事・育児・老親の介護の責任を負わせて社会から孤立した家に引きもどし、経済的自立を奪う……家庭に肩がわりさせて、社会福祉を一層後退させる〔中略〕社会の矛盾を隠蔽し、日本経済を支えようとするもの」[*6]である。こうして、介護は家庭の中で処理されるべき問題とされ、国家のサポートから切り離された家族が（正確には家族の中の娘や嫁が）福祉機能のすべてを背負わされることになる。

結局、日本型福祉社会論の目指すところとは、公的責任で運営されるべき福祉を自助努力と家族・地域の相互扶助に転換し、福祉予算を可能な限り削減することである。

大平首相の演説に先立つこの年の一月五日に示された一九七九年度の大蔵原案では、「障害者福祉都市計画」に対する予算がゼロ査定となった。障害者対策が「施設」から「在宅」へと転換されることを反映した結果であった。[*7]このような「日本型福祉社会」論にもとづく政策は、同じ年の八月十日に閣議決定された「新経済社会七ヵ年計画」で具体的方針として打ち出され、その後矢継ぎ早に実行に移されていく。こうして、この「日本型福祉社会」の思想がこれ以降の日本の福祉政策の基調となってゆくのである。

四　取り残される家族、「宅」なき在宅介護

一九七〇年代以降、すでに都市部やその周辺では、親と子だけの世帯、高齢者だけの世帯、もしくは高齢者を含む独居世帯が拡大していた。高齢化が進む農村部でも、若年層の流出がただでさえ顕著であり、地域全体で「人手不足」が常態化している現状からして、増える高齢者介護を地域で支える仕組みが作れるはずもない。加えて、ほとんどの農家が兼業となっている現状では、夫婦ともが農外労働に出ている家も多く、多世代同居であっても、常に家に介護者がいるわけではない。そんな中で福祉政策を在宅へと切り替えられれば、結局、介護する家族と、誰よりも介護される本人が福祉の枠組みから排除されるだけのことである。共同体を崩壊させながら歩んできた資本主義経済のもとで、崩壊した共同体を再構築することはただの夢想にすぎない。

具体的に考えてみよう。例えば在宅介護には居住空間の改造がどうしても必要となるが、これらの改造・リフォームにかかる費用は、公的補助を利用したとしても、かなりの負担になる。特に農家では、急な階段、狭いトイレ、冷たい脱衣所に使いづらい浴槽、だだっ広い客間と狭すぎる台所や居間、正座での生活を基本に作られた畳の部屋など、介護に不向きな住宅を改修することには大きな負担をともなう。[*8] また、歩行や入浴などを介助する機器もなく行動が制限される自宅で、介護の素人である家族が二四時間介護を続けることは、介護者、被介護者双方にとって、本来、無理なことなのである。

日本における「在宅重視」政策とは、同居する家族が高齢者には不便な居住空間で無理をしながら介護を続けることを強いるものにほかならなかった。

結局、美しい言葉で飾りつけられた「日本型福祉社会論」＝施設から在宅への転換は、『朝日新聞』が一九八九年の「社説」で書いているように「日本には家族介護という独特の文化があるといわれ、これを前提とした「在宅福祉」に期待がかけられてきた、しかし実際には、それは介護に精根尽きての心中や家庭崩壊、非人道的な老人病院への事実上の姥捨《うば》、「寝かせきり高齢者の大量生産」といった悲劇をもたらす背景ともなった」のであった。[*9]

ヘルパーさん老後はよろしくね

飯島初枝（栃木県栃木市）

人間は誰でも一人では生きていけません。皆さま「人」という字を手のひらに書いて見てください。お互いに支え合って成り立っています。最近、高齢者という言葉、それに加えて介護、六十五歳以上の人を言うそうです。二年前に介護保険制度が施行されました。私の所属しているＪＡしもつけひまわり会では、昨年五月一日に県の指定を受け、福祉事業の一つの訪問介護事業を開始しました。私は今から十年前にヘルパー二級の資格を取得したので、現在、訪問介護員のひとりとして農作業の合間を見て、利用者さん宅を訪れて、お世話しております。

利用者さんの声をまとめますと、大変、毎日が楽しく生活ができ、元気をくださってと喜ばれています。そんな中で一番、大切なことは、ヘルパーさんの笑顔と優しい言葉での話し合い、コミュニケーションがうれしいようです。ヘルパーの仕事を通して高齢者の方から学べることがたくさんあります。それと同時に、やりがいのある仕事、利用者さんから、感謝の言葉が帰ってくるとヘルパーとして、仕事をしてて良かったなあと思います。人間、避けては通れない老い。私も十年たつと高齢者になります。もし私が人の手を借りるようになった時、できるだけ子供たちには負担を軽くしてあげたいです。子供たちの幸せな生活のリズムをくずしたくないからです。できれば、ヘルパーさんにお願いして世話になりたいなあと思っています。

一割の金額で利用できる気軽さ、ヘルパーの仕事をしている方は、全員親切です。命ある限り、人と人、助け合って、豊かに老いていくことが理想ではないでしょうか。

女の階段のみなさま、若い情熱を燃やして頑張りましょう。

（『「女の階段」手記集』第一〇集、二〇〇二年、五四頁）

五　ＪＡによるホームヘルパー養成活動

政府は、さらに財界の意向を受け、民間企業による福祉サービスの提供、すなわち福祉サービスの市場化を進めた。その背景には、一九八〇年代の行政改革とともに福祉分野の市場化が急速に

進展したことがある。しかし、それは高齢者やその家族に「経済力」がなければ外部のサービスを

受けられないことを意味しており、結局は家族による無償の介護労働の比重を高めるものにすぎな

かった。さらに、鳴りもの入りではじめられた民間の福祉サービスも、増える一方の高齢者を地域

で受け入れるためには業者が雇用できる人手が不足していた上に、在宅介護を支えるはずのケア付

き住宅などの建設も中々進まなかった。

こうした状況を踏まえ、一九八九年、厚生省・大蔵省・自治省（いずれも当時）の三省は「高齢者保健福祉推進一〇カ年計画＝ゴールドプラン」を打ち出した。その内容は、一九九〇年から一九九九年までの一〇年間で一〇万人のヘルパーを養成すること、ショートステイを五万床、デイサービスセンターを一万カ所、在宅介護支援センターを一万カ所設置するといった具体的な数値目標を設定し、これを全市町村に普及させるというものだった。[*10]

このヘルパー養成の主翼を担うことになったのが、ＪＡの介護ヘルパー養成事業であった。ＪＡは、以前から農村における医療施設の建設や互助組織を育成してきたという歴史を持っているのであるから、地域介護のノウハウはむしろＪＡにこそ蓄積されてきたものと言ってよいであろう。高度経済成長のもとで、農地の分断、消滅、そして農村共同体の崩壊という危機的状況に瀕していた一九七〇年、第一二回全国農協大会において、ＪＡは「生活基本構想」を打ち出した。この「生活基本構想」において、「人間性を喪失させるおそれのある経済社会の変化」の真っ只中にあって、農協が本来の「協同組合」としての役割である「人間連帯にもとづく新しい地域社会の建設をめざして運動する」ことを基本方針に掲げ、地域の高齢者対策に積極的に乗り出していく。

これ以降、一九八九年にゴールドプランが示され、一九九二年の農協法改定で高齢者福祉事業が法的に認可されたことから、組合員外の利用が可能となり、一気にJAの介護事業への取り組みが拡大することになる。

JAによるホームヘルパー養成活動は、ゴールドプランで目標年とされた一九九九年までに、1、2、3級合計で七万九九三四人のホームヘルパーを地域に送り出すこととなった。さらに、二〇〇二年にはその数は一〇万人を超え、二〇一二年には一一万九五三八人に達している。[*11]

もともと農村では佐久総合病院の経験に代表されるように、病院施設や自主的な見守り組織などを独自に作ってきたが、それは、高齢化が顕著である農村地域でこの問題に取り組まざるを得なかったという切実な事情を反映しているからに他ならない。したがって、JAが高齢化の問題に取り組まなければならなかったのはまさに必然であった。

この取り組みは、同時に、それまで地域から隔絶され、家庭内で女性の無償労働によって維持されていた介護を地域全体のものへ、そして無償労働を有償のものへと転換させ、農家女性たちにわずかではあるが経済的自由度を与え、自信と達成感を提供する機会ともなる可能性があった。

実際、このヘルパー養成活動が始まると、その取り組みは、急速に農家女性に受け入れられることとなった。というのも、農村には次のような条件が揃っていたからである。第一にデイケアセンターなどの施設が建てられても圧倒的な人手不足であったため、資格取得者がヘルパーとして活動する場所に事欠かない状況であったこと、第二に現実に高齢者介護を担っているのが農家女性たちであり、いわば介護のセミプロである女性たちがプロに転向することにはさほど違和感がないという現状があったこと、そして、第三に介護職は「女性の仕事の延長上にある職種」であり、取得した介護技術を家族に対しても利用することができるに違いないという、家族、特に義父母や夫の期待があったこと、また、第四に外に働きに出るにしても他の仕事より比較的了解が得やすかったことや、女性たちが施設で働くことで彼女たちが「家」「家族」の重圧から逃れる自由な時間を得られること、さらに地域のために、誰かのために役に立ちたいという思いを抱いていたことである。これらの要素が女性たちを動かすことになった。

農家女性たちのなかには、これまでも、将来の老親や夫、そして自分自身の介護に備えて、あるいは少しでも自由になる時間を得て家族外の住民と触れ合うことで自分を取り戻そうと、早くからボランティアで施設に通ったり、ヘルパーの資格を取ったりする者も多くみられた。JAのホームヘルパー養成活動は、そうした女性たちの要求とも一致していたのである。

また二〇〇〇年に導入された「介護保険制度」も、JAが介護保険事業者として市場を広げるきっかけをつくった。このことが同時に、そこで必要とされる大量のヘルパーとしての農家女性たちの活動の場を広げていった。このころの投稿には、同じ高齢者を介護するにしても、自宅の老親と違い、なぜか施設では穏やかな気持ちで介護できることをためらいがちに告白する文章も掲載されている。また、二〇〇二年に発行された第一〇集以降、ヘルパーの仕事から多くのことを学ぶ機会を得たと語る、飯島初枝のような投稿が随所に見られるようになっていく。

六　「在宅介護」の限界

その一方で、いわゆる老老介護の実態も目につくようになった。高齢化が進む農村部では高齢者だけの世帯も増えている。在宅介護ではもはや老老介護は限界である。介護者自身の体力の衰えを食い止め、被介護者の生活機能を維持していくための支援は、現在の介護保険制度ではあまりに希薄である。

ＪＡでは、福祉政策が取りこぼしているこうした実態に少しでも対応できるよう、助け合い組織の育成も行ってはいるが、ボランティアでは自ずと限界がある。

そもそも介護保険制度は、より一層の福祉予算の削減を目的として、「家族が在宅で介護を行う」ことを前提に組まれたシステムである。

ただし「家族」というのは表向きであって、介護保険制度はこれまでと同様に、女性を介護の担い手としてさらに固定化させる機能を有している。しかも、在宅介護を続けるために必要なサービス提供については、使う側の「選択の自由の確保」という名目で民間の業者によるサービス提供が公的機関に取って代わって拡大している。

今や、市町村などの、もっとも住民生活に近い公的機関でも、高齢者やその家族の現状を把握することは困難になっており、業者が提供するサービスへの利用者のクレームを受け付けるだけの、あるいはそれさえも処理できない機関となっていることも指摘されている。[*12]

現場で実際に高齢者と向き合う民間のヘルパーは、もっと時間をかけて、もっと一人一人に向き合って十分な介護を行いたいという使命感をもちながら、会社の「規則」でそれができない歯がゆさを感じている。民間である以上、会社の利益はまず何よりも優先されなければならない。それが企業の論理である。そして、高齢者やその家族は、業者が提示した幾つかの福祉サービスという商品から購入できる範囲で選択する以外の方法は与えられていない。

しかし、私たちが一人一人異なる個性を持っているように、介護を受ける側、介護する家族の身体機能や生活環境、家族関係は一人一人異なっている。その相異なる条件を包括的に把握し、家族や本人でさえ気がつかないニーズをあぶり出し、きめ細かなサービスを提案するためには、やはり利益追求から離れた公的な見守りが必要なのである。

それなのに、介護保険制度の度重なる「改定」によって、公的な関与の度合いはますます希薄になっている。

かつて、高度経済成長期の市民運動の成果だった「人権としての福祉と公的責任としての高齢者対策」をめざすという大義は失われ、いまや家族が福祉機能を一身に引き受けることでしか老後を生き切ることができない社会となってしまった。

デンマーク生まれの研究者エスピン・アンデルセンは、日本の福祉を次のように特徴付けている。「公的な社会サービスは、高齢者向けであれ、児童向けであれ、周辺的なものにとどまっている。それは、家族が実際の責任を負わなければならないということが制度的に想定されているからである」[*13]。

京都大学名誉教授の伊藤公雄氏もまた、日本の「国家による家族への介入と、それでいて真の家族保護を放棄するやり方」について次のように書いている。

日本の家族を巡る政策は、旧来の国家秩序の基盤としての家族の保護という視座が未だに維持され、かつ、(国家が本来担うべき)福祉領域の多くを家族に依存し、国家の負担を家族に押し付ける形で展開してきた。そのため、日本の戦後の家族政策は、政府の福祉負担をできるだけ軽減させる(実際の家族へのサポートを回避しながら、ケア領域の責任を家族=女性に押し付ける仕組み)ために実行されてきた一方で、秩序形成の場としての精神論的家族イデオロギー(「家族は助け合うべき」はその典型だろう)だけが強調されてきたのである。*14

一九九〇年に総務庁長官官房老人対策室が行った「長寿社会と男女の役割・意識」の調査によれば、「寝たきりになった時にだれに介護を頼むのか」という問いに対して、男性の七五%が「配偶者(つまり妻)」と答えており、続いて「娘」(一三・八%)、嫁(六・九%)と続く。また、女性の三三・六%が「配偶者(つまり夫)」と答えているものの、やはり「娘」(二一・四%)、「嫁」(一〇・五%)と、男女ともに介護者として女性を想定している割合が著しく高い。逆に、息子に対する期待は男性で三・四%、女性で四%にすぎない。

言葉と実際の暴力に耐え、糞尿の世話をし、二四時間態勢で世話を見る毎日がいつまで続くのか見通しのたたない日常で、身も心も壊れていくのは介護者だけにとどまらない。被介護者である高齢者も同じなのである。

嫁や娘だけで介護を背負うことがすでに限界にきていることを、そして、そのことをなかなか理解してもらえない夫をはじめとする男性の「家族」に対して、「女の階段」の読者たちは、切実に訴える。

明日はわが身、男性も支えて

松岡フサミ　四十九歳（北海道網走市）

先日、わが農協の合併五周年の記念誌が届き、その中の組合員全戸の家族写真を見て私は「皆さんこれから大変だなー」と感じました。ほとんどが三世代、四世代同居の家庭なのですから……。

わが家では昨年姑が亡くなったり、娘が嫁いだりして、結婚二十六年目にして夫と二人だけの生活になりました。

姑は亡くなるまでの三年間、痴ほうがひどくなり、特別養護老人ホームでお世話になりましたが、その間にはベッドから落ちて肩の骨折、頭の手術、肺炎で入退院をくり返しました。そのたびに農作業の忙しい中、夫の妹や弟の嫁さんにも交代で付き添ってもらったり、ホームへの面会もまめに行ってもらい、とても助けてもらいました。

それでも私は、いつまで続くかわからない介護という不安な気持ちで、夫への不満もあったりして、精神的に追いつめられたこともありました。

世のご主人様は、嫁や妻が（女が）親の面倒を看るのは当たり前と考えていませんか？自分の親だからこそできることをして協力し、妻の負担を軽くして、いたわることを忘れていませんか？

「明日はわが身」の立場の人ばかりが大勢です。どうか支えてあげてほしいと思います。

（『女の階段』手記集』第八集、一九九六年、六〇頁）

私の人生は何なんだろう

杉崎スミ　七十一歳（神奈川県小田原市）

夫の母を十五年間在宅介護で看とりました時、夫は「良く面倒を見てくれた、今度はおれの番だなあ」と何気なく言っていましたが、よもやこんなに介護の日が続くとは、思ってもみませんでした。

一昨年はペースメーカーを入れるため、去年は足の骨折のため、約二か月の入院で付き添い、今年また骨折で十一月から入院生活。今年中には退院は不可能。痴呆が始まってから四年半、何と私の介護生活は二十年も続くのです。そして、これからも何年続くのか「私の人生は何なのだろう」と考えてしまいます。

（同前、六八頁）

七　「女の階段」の会員は訴える

家庭外の福祉サービスを利用することで、家族関係が、特に家族間の愛情関係が希薄になるという考え方を政府の「日本型福祉社会」論が支えている。

この構造の中で、女性たちは、家庭の外にある福祉サービスの利用さえ遠慮がちになる。もしデイサービスのような外部のサービスを利用することができたとしても、やはり在宅介護が基本となれば、介護者にとって自由にできる時間は限られる。

介護の毎日と農作業と家事・育児が重なり、あっという間に日々が過ぎ、気がつくと夫の介護が始まる。そうこうしているうちに今度は自分自身の衰えに焦燥感が募っていく、こうした老後への不安は、実際にはサンドイッチ世代だけの問題ではない。この福祉政策と、その基礎となっている家族政策がこのままである限り、次の世代にも同じ老後が待っているのである。

「女の階段」第一世代が「嫁」だったころに農村で発生していた高齢者の自殺という悲劇は、決して昔話にとどまらない。先進性を身につけた「女の階段」の会員は、おそらく涙を浮かべてこう訴える。

世間体なんて考えないで

小杉好子　七十七歳（栃木県益子町）

七十歳になる嫁の立場のAさんが、九十六歳のしゅうとめさんの介護をしています。A

さんは糖尿病と戦いながらの生活、しゅうとめは足が悪く部屋の中での生活で、本を読んだり新聞を見たり日記を毎日書くなど、頭はしっかりしています。

Aさんは「おれが先に死んじまうよ。食べ物はいくらでも食べるし」と友人に愚痴をこぼしていたとのこと。「介護保険制度があるのだから利用したほうがいいよ」と言うと、「世間体が悪いし、親をみないといわれるからいやだ」とのこと……。しゅうとめさんはぼけていないから、毎日世話になっていることが苦しかったのでしょう。自殺してしまったとのこと。

Aさんの心は、こんなに世話をしたのにと腹立たしく、姑《しゅうとめ》を恨み、葬式にも出ず、部屋の中にとじこもり、人に会うのもいやといいます。家族の心配は大変な様子でした。嫁さんもおしゅうとめさんも本当に悲しくかわいそうです。介護はみんなでするもの、老人保健施設などを利用して、二度とこんな悲しいできごとがないようにしたいものです。

「親をみない」とか「世間体が悪い」などということを考えないで、自分自身が幸せでないと、人に優しくなれないから、自分を大事にしてほしい。世間の人たちも「親をみない」などの言葉をつつしみたい。老人保健施設を大いに利用して、こんなさみしい悲しいことのないようにしたいと思います。

（『「女の階段」手記集』第一〇集、二〇〇二年、五五―五六頁）

介護の大変さを知る「女の階段」の会員の中には、この小杉好子のように、施設やサービスの利用に躊躇するなというアドバイスとともにサービスの拡充や施設の建設を求める投稿を寄せる者もいる。また、老後に向けて政府の福祉政策の充実を求める投稿も随所にみられる。

戦後の民主改革を経て、世界的な男女平等の潮流が押し寄せても、日本の支配層は、女性に家事・育児・介護をすべて担わせることで、福祉政策の圧倒的な欠如を放置してきた。「施設に預けるなどもってのほか、家族は家族に世話をしてもらうのが一番幸せである、それは日本の伝統的な家族形態である」という物語は、経済成長率や株価を引き上げることだけに熱心で、農業にも農家にも、そして農家女性にも関心を向けない支配者が好むおとぎ話にすぎない。しかし、そのおとぎ話こそが家族を崩壊させていることは決して語られないのである。

介護を終えてほっと息をつき、介護も姑との葛藤も「思い出」になったころになって、介護の苦しみによって深く沈められてきた愛情や優しさ、赦しの気持ちが湧き出てくることを多くの農家女性たちが経験している。

介護労働から家族を解放することが、逆に家族を愛情で「のみ」つながることを可能にし、かえって家族間の交流が頻繁になることは、北欧などの事例でも明らかである。[*15]

サンドイッチ世代が真に望んでいる「老後」の実現に必要なものは「めんどうを見てくれる嫁」という機能ではない。愛情に溢れた介護職が働き続けることができる労働環境のもとでその技術を発揮できる施設の増設と誰でも利用できる福祉サービス、地域の助け合いに住民や高齢者自身も参加できるほどゆとりのある生活を保障する年金や賃金である。

その上にこそ、ＪＡが進める地域での介護が成り立つのである。

農村にも施設増やして

川村久子　六十七歳（千葉県我孫子市）

高齢者介護について考える時、親をみとった人は誰しも「大変だった」の一言が返ってくることと思います。農家の長男のもとに嫁いだ者は、それも避けては通れない道で、当然のこととして遅かれ早かれ、親の介護を経験することでしょう。

わが国は長寿国ゆえに、高齢者になった人を介護する人も、また高齢者となって介護せざるを得ないということが、現状なのかもしれません。なるべくなら家族が協力し合い、看護に努めることが望ましいと思いますが、それぞれの家庭の事情によって、それも困難な時もあることでしょう。

そのためには、人様にお世話になることも仕方がありませんので、老人養護センターを利用したり、また人材介護を依頼することによって、家族が少しでも日々の看護から解放されることも考えられます。

年々高齢化が進むにつれて、福祉の充実が何よりと思っても、ままならない社会情勢です。でも最近は、社会福祉協議会の取り組みで、独り暮らしの老人や寝たきり老人など、困っている人を助けるボランティアの動きがあることは、とても喜ばしいことです。

これからは農村においても、老人養護センターのような施設がもっと増えて、看護に困った時は誰しも利用できるようになることを念願致します。

（同前、六二―六三頁）

あとがき

本書執筆にあたって、「女の階段」手記集の一文一文に眼を通しながら、ここに書かれていることは決して過去の出来事ではないことを実感した。

ここに描かれているものは、程度の差こそあれ、今もなお、女性たちを苦しめ続ける日本社会の宿痾《しゅくあ》そのものである。

この病巣をかたちづくっているものの正体はなにか？　それを「女の階段」の女性たちは見抜き、怒り、ある女性は実名で、また別の女性は匿名で告発していた。これらの文章を軸に、私は女性たちが生きた時代を辿っていった。農政史、生活史等の先行研究の成果に学び、映像資料にあたった。

「女の階段」に投稿してきた女性たちへのインタビューは本当に素晴らしい体験だった。そして、その場で交わした言葉が執筆を進める上での指針を提供してくれた。会いたかったが会えなかった女性たちもいた。時間的な問題、距離的な問題の他に、すでに他界されたり、病床にあった方、連絡先がとうとうわからず、取材を断念した方などであった。

本書はもっと早くにできあがっていたはずであった。私自身が校務の都合で二年間にわたり研究に専念できなかったこともその一因ではあったが、同時に、「女の階段」の女性たちから突きつけられた言葉「なぜこんな理不尽な扱いをうけるのか」という問いかけに応えるためには、膨大な分析が必要であることに気がついたことが最大の要因であった。

執筆のために作成したノートは膨大な量に上ったが、いくら資料を読んでもいくら文章を書いても足りないと感じていた。それだけ女性たちの生活の記録は深遠だった。

本書の執筆にあたって、『日本農業新聞』記者の児玉洋子さん、堀越智子さん、安藤まゆ子さんに大変お世話になった。農家の女性たちが置かれている状況に対する見識の深さと正確さに感銘を受けた。また、聞き取り調査を進めるにあたり、多忙な中を相談や連絡の労をとっていただいた。心から感謝申し上げたい。

また、新潟県三条市の佐藤幸子さんからお借りした新聞記事の切り抜きがどれほど役に立ったか計り知れない。このスクラップブックは、佐藤さんの娘さんである宇鉄久美子さんが十歳の頃から母のためにと作りためたものである。都道府県別、投稿者別に整理され、投稿に限らず投稿者にまつわる記事までもが挟み込まれたこの大量のスクラップブックのおかげで、投稿者の人生を立体的に理解することができた。

多忙な農作業の合間に貴重な時間を割いてくださった皆様、不自由なお身体にもかかわらず長時間にわたるインタビューをお許しくださった皆様に心より感謝申し上げるとともに、本書の完成まで時間がかかったことを心からお詫びしたい。

最後に、本書執筆の機会を与え、作業の進展を根気強く見守り、激励を重ねてくれた寺本佳正氏なくして本書は完成しなかった。心より感謝したい。

新版の出版にあたり、一部、文章と統計の見直しを行なった。

本書を、もし受け入れられるものであれば、大地を耕し、農に生きるすべての女性たちに捧げたい。

本書は、平成三十年度駒澤大学特別研究出版助成を受けた。

注

第一章

第一章については、姉歯曉・溝手芳計・番場博之「戦後家庭と農家女性の地位」(駒澤大学『経済学論集』第四九巻第三・四号合併号、二〇一八年)から、姉歯が調査、インタビュー、執筆を全て担当した部分に大幅に加筆修正した。

1 『青木時報』一九四六年十二月一日号掲載の論説「新憲法公布と女性」で、上原一代は、それまで虐げられ、今新憲法によって自由を獲得した女性たちの一人として「不安を感じる」と戸惑いを吐露している。田中里尚「研究ノート 戦後の地域社会形成と公民館報――地域文化の継承と創出に向けて」、文化学園大学紀要『服装学・造形学研究』第四四号、二〇一三年、一五一頁。

2 丸岡秀子『婦人思想形成史ノート』上、ドメス出版、一九八二年、二六―二七頁。

3 暉峻衆三『日本農業一〇〇年の歩み』有斐閣ブックス、一九九七年、二〇九頁。

4 佐賀県で二・一ヘクタールの耕地をもつ大農家の母親(四十二歳)が、三人の男子のいずれもが農業以外の職につき、家を出たため、これを悲観し自死を遂げた(『日本農業新聞』一九六六年四月二十二日付)などという事件も起きている。

5 「農村社会ではいまだ指導的地位や経営主の多数を男性が占めるような状況にある」、農林水産省『食料・農業・農村基本計画』二〇一五年三月、四一頁。

6 渡辺雅男『階級政治！――日本の政治的危機はいかにして生まれたか』昭和堂、二〇〇九年、七八頁。

7 暉峻衆三『日本農業一〇〇年の歩み』、一二六頁。

8 夫が戦死もしくは戦地から帰ってその後死去した農村の女性たちにとって、軍人恩給の支給ならびにこうした家族が加わる軍恩連との関わりは、彼女らの保守支配層への物理的・意識的帰属をもたらした。

9 渡辺雅男『階級！――社会認識の概念装置』彩流社、二〇〇四年、一八七頁。

10 鳥越皓之『家と村の社会学』世界思想社、一九八五年(一九九三年増補版)、一一頁。鳥越は「家」の特徴としてこの一つを含めて三つを挙げているが、特に農家にのみ充当する特徴としてこれだけを抜粋した。

11 渡辺雅男『階級！――社会認識の概念装置』、一九〇頁。

12 この農家女性はこの詩を投稿したのち、離婚している。この詩を掲載するにあたって起きた事柄の経緯については北河賢三『戦後史のなかの生活記録運動――東北農村の青年・女性たち』岩波書店、二〇一四年、二五二―二五四頁を参照されたい。

13　その意味で、家族経営協定は、家族農業に公《おおやけ》が介入し、ある時は経営者として、ある時は労働者として嫁を都合よく使うことを幾らかでも阻止する手段となった。

14　北河賢三『戦後史のなかの生活記録運動——東北農村の青年・女性たち』、一二二頁。

15　大門正克編著『新生活運動と日本の戦後——敗戦から一九七〇年代』日本経済評論社、二〇一二年、一一一一二頁。

16　経済同友会『経済同友会十年史』、一九五六年、二九一—二九二頁。

17　経済同友会「新生活運動に関する決議」一九五一年十一月九日、第四回全国大会。

18　原山浩介『消費者の戦後史——闇市から主婦の時代へ』日本経済評論社、二〇一一年、一八六頁。

19　山高しげりもまた、軍事訓練や隣組の活動に「婦人は働いた、指導次第でまだまだもっと働ける」と、もっと女性たちを「銃後」だけに限らずさらに戦争の担い手として国家が活用するよう訴えている。山高しげり「戦争生活と婦人」、『日本婦人問題資料集成』第七巻、ドメス出版、一九八〇年、五四三頁。

20　奥むめおは、家計調査に関連して「消費者としての婦人もこの超非常時的時艱克服に一半の責任を負うて協力する機会に遭遇したことはまことに、艱難も困難も亦愉し」「満洲事変や支那事変以降日本の国策の樹立が、只に国内の問題のみに留まらず、遠く北南中支満洲の地を含めた大陸日本政策のそれでなくてならなくなつた今日、婦人に課せられてゐるところの「後顧の憂ひを断つ」てふ使命も、従来のやうに只、斉家の責務だけにとどまつてゐてならないことはもちろんである」と、家計調査の報告というよりむしろ戦意高揚にこそ主眼が置かれているかのような記述を残している。奥むめお「百円未満の俸給生活者の家計調査」、前掲『日本婦人問題資料集成』第七巻、四一五頁。

21　『婦人の友』一九四三年十一月号で、羽仁もと子は「陛下の赤子として生を享け、歴代の御仁慈に育まれてきた日本人は……」「どんなに愛する大切な子供でも、応召となればおめでとうと励ましあつて、喜んで戦場に送ることができる……」と女性たちに呼びかけている。若桑みどり『戦争がつくる女性像——第二次世界大戦下の女性動員の視覚的プロパガンダ』ちくま学芸文庫、二〇〇〇年、八四頁。

22　この国民精神総動員中央連盟とは、日中戦争が始まった一九三七年に「「支那事変ニ適用スヘキ国家総動員計画要綱」に基づいて「挙国一致」「尽忠報国」を方針とした国民運動」を広げるために創設されたものである。この同じ年の十二月、中国では南京大虐殺が引き起こされ多くの市民が犠牲になっている。アジア歴史資料センターデジタルアーカイブス、https://www.jacar.archives.go.jp/das/meta/C04120016400　二〇一七年二月七日アクセス。

23　若桑みどり『戦争がつくる女性像』ちくま学芸文庫、二〇〇〇年。

24　牟田和恵『ジェンダー家族を超えて――現代の生／性の政治とフェミニズム』新曜社、二〇〇六年、一三二―一三三頁。

25　原山浩介『消費者の戦後史――闇市から主婦の時代へ』、一九八―一九九頁。

26　倉敷伸子「消費社会のなかの家族再編」、安田常雄編『シリーズ戦後日本社会の歴史――社会を消費する人びと　大衆消費社会の編成と変容』岩波書店、二〇一三年、四八―四九頁。

27　同前、五一―五四頁。

28　アンドルー・ゴードン『日本の二〇〇年　新版』下・第二版、みすず書房、二〇一四年。

29　アンドルー・ゴードン「五五年体制と社会運動」、歴史学研究会・日本史研究会編『日本史講座10　戦後日本論』東京大学出版会、二〇〇五年、二五五―二五六頁。

30　アンドルー・ゴードン『日本の二〇〇年　新版』下・第二版、五六九頁。

31　田畑光美「戦後農村婦人の変容」、原ひろ子監修、藤原千賀・武見李子編『戦後女性労働基本文献集第Ⅱ期第一六巻「共同討議　戦後婦人問題史」』日本図書センター、二〇〇六年、七六頁。

32　市田（岩田）知子「生活改善普及事業の理念と展開」『農業総合研究』第四九巻第二号、一九九五年、一五頁。

33　同前、七六―七七頁。

34　菊池義輝「一九五〇―六〇年代における農業改良普及事業と農家家族――埼玉県を例に（一）」、横浜国立大学『横浜国際社会科学研究』第一五巻第一・二号、二〇一〇年、四九頁。

35　市田（岩田）知子「生活改善普及事業の理念と展開」、二〇―二四頁。

36　田中宣一編著『暮らしの革命――戦後農村の生活改善事業と新生活運動』農文協、二〇一一年、三九六―三九七頁。

第二章

1　「学童侵す大気汚染　九割が体に異常　江東地区に本社調査団　公害」、『朝日新聞』一九六六年一月三十日付。

2　財団法人「日本分析化学研究所」は、以前にもアメリカの原子力潜水艦放射能データを捏造して問題となっていた。「カドミ米分析でも操作　分析化研と

富山県当局　高い数値は再測定　低濃度の試料使い「無用の混乱避けた」県当局者」、『朝日新聞』一九七四年五月十五日付。

3　「汚染米にいらだつ農民　黒部市　農地改良まだ白紙　カドミウム汚染米」、『朝日新聞』一九七〇年七月三十日付。

4　野村證券『財界観測』一九七〇年八月号、二頁。

5　宮本憲一『環境経済学』岩波書店、二〇〇一年（第十七版）、一〇九―一一〇頁。

6　同前、同頁。

7　「(戦後の原点) 民主主義の力　公害対策、市民が動いた　環境経済学者・宮本憲一さん」、『朝日新聞』二〇一六年十二月四日付。

8　こういった動きは、この時期、公害だけにとどまらなかった。

　戦後間もなくビキニ環礁で行われた水爆実験で日本の第五福竜丸が被曝し、その被害が報道されると、抗議の声が全国で一斉に湧き上がり、署名や集会が開かれた。三月に事件が起き、その月のうちに全国で抗議運動が見られるようになり、翌四月二日には築地で大会が開かれ、八月には原水爆禁止署名運動全国協議会が結成され、翌年一九五五年八月六日に広島で開かれた原水爆禁止世界大会までに集まった署名は、全有権者の半数に迫る約三一五八万三一二三筆であったという。反核の思いは、圧倒的な国民を結集することができた日本におけるこの運動から国際的な運動へと広がっていった。そして、二〇一七年のノーベル平和賞を国際NGO「核兵器廃絶国際キャンペーンICAN（アイキャン）」が受賞するに至ったのである。

9　浜矩子氏によれば、「トリクルダウン」という言葉自体が「元祖」とは異なる意味で使われているとのことである。元々はウイル・ロジャースという政治風刺で有名な俳優が使ったもので、金持ちに全て持っていかれ、貧乏人には滴り落ちるほどにしか恩恵がないと言った意味で用いられたものだという。浜矩子『国民なき経済成長――脱・アホノミクスのすすめ』角川新書、二〇一五年、一五六―七頁

10　「天声人語」、『朝日新聞』一九五三年九月十日付。

11　佐久総合病院の若月俊一医師は、製紙工場の寄宿舎を再利用して建てられた佐久病院に一九四五年に赴任して以来、二〇〇六年に死去するまで、農民とともに歩んできた医師である。健康を顧みない農民の意識を変えるために、出張診療や演劇やコーラスなどで健康教育を行ったり、全村健康管理で疾病予防に尽力するなど、病気そのものだけではなく、病気を作り出す社会の仕組みそのものにメスを入れ、行動し続けた医師であった。佐久総合病院ホームページ http://www.sakuhp.or.jp/ja/honin/2864/43/000624.html 等を参照。

12　若月俊一「農村婦人の生活と健康」、大島清・丸岡秀子編著『農村婦人』亜紀書房、一九七六年、二六一―二六八頁。

13　「住宅街でまた農薬禍　三〇世帯に舞い降り目・のど刺す痛み　三鷹の新開地」、『朝日新聞』一九六五年十月二十七日付。

14　雨宮正子「多古の農業を活性化させる活動」、日本家政学会生活経営学部会『生活経営学研究』第四四号、二〇〇九年、一五―一八頁。

15　発がん性物質アフラトキシンに汚染された落花生、鉛が溶け出たジュース、日本では使用が禁止されている色素を使ったキャンディーやチョコレートなどが見つかり、検査体制にしてもたった四〇人の食品衛生監視員が一三カ所の主要な港と空港に配置されているだけで、検査機器もまったく不十分な状況であった。「輸入食品　お寒い検査体制　量は激増、有害品も続々」『朝日新聞』一九七四年十二月三十日付。なお、二〇一六年度の輸入食品の重量は約三二三〇万トン、届け出件数は約二三四〇万件、検査率は二〇一六年現在八・四％、そのうち違反件数は七七三件であった（厚生労働省「平成二八年度輸入食品監視統計」二〇一七年八月）。

16　ハリエット・フリードマン著、渡辺雅男・記田路子訳『フード・レジーム――食料の政治経済学』こぶし書房、二〇〇六年。

第三章

1　「困難な〝家ぐるみ離農〟」、『朝日新聞』一九六〇年九月十一日付。

2　暉峻衆三『日本農業一〇〇年の歩み』、二六〇頁。第三章の農政の変遷について、その説明の多くは暉峻の分析に拠っている。

3　同前、二七二―二七三頁。

4　納屋工場とは、農家の納屋を利用して、農業のかたわら製造業の下請け作業を請け負っていとなまれる家内工業の一形態である。同前、二四五頁。

5　『日本農業新聞』一九六六年六月二十七日。

6　『日本農業新聞』一九六六年八月二十二日。

7　大島清「現代の農村婦人問題」、丸岡秀子・大島清編著『農村婦人』亜紀書房、一九七六年、一一頁。

8　丸岡秀子「現代の婦人問題」、同前、二七頁。

9　上野千鶴子『家父長制と資本制』岩波書店、一九九一年、一七四頁。

10　同前、一七四頁。

11　中小企業庁『中小企業白書』二〇〇二年版、事業所数による開廃業率の推移（非一次産業、年平均）は、総務省「事業所・企業統計調査」を中小企業庁が再編加工したものである。なお、対象は事業所であり、一九九一年までは「事業所統計調査」として、また一九九四年は「事業所名簿整備調査」として、行われた。

12　前田尚美「住居」、高度成長期を考える会編『高度成長と日本人PART2家庭編　家族の生活の物語』日本エディタースクール出版部、一九八五年、三〇—六〇頁。

13　マーケティング史研究会編『日本流通産業史——日本的マーケティングの展開』同文舘、二〇〇一年、五〇—六七頁。

第四章

1　鈴木猛夫『「アメリカの小麦戦略」と日本人の食生活』藤原書店、二〇一二年、七二頁。

2　暉峻衆三『日本農業100年の歩み』、二六〇頁。

3　クランプは「The Times」および「Financial Times」を引用してこのことを語っている。ジョン・クランプ著、渡辺雅男・洪哉信訳『日経連——もうひとつの戦後史』桜井書店、二〇〇六年、一三〇頁。

4　当時の「これまでは輸入の自由化問題は生産者保護の立場からとらえられていたが、これを改めて消費者保護の立場から自由化を進めなければならない」、『日本経済新聞』一九七〇年八月二十八日付。

5　「全中、農業・農政批判に反論文書配布——「農業過保護」とんでもない」、『日本経済新聞』一九七九年四月十九日付。

6　日米経済協議会とは、一九六一年に経団連や日本商工会議所などとアメリカの全米商業会議所が作った日米財界人の組織である。「「共存可能」で一致　日米経済協　米農業団と会談　日米経済協議会」、『朝日新聞』一九七二年九月一日付。

7　「「米価」に足並み乱れる消費者パワー　主婦連、陳情に欠席　米価値上げ」、『朝日新聞』一九七二年七月二十一日付。

8　このときの比嘉の発言は、その後、減反で自殺が相次いだ事実とともに国会で松沢俊昭議員（日本社会党衆議院議員、元全日本農民組合連合会会長）によって怒りをもって取り上げられている。

「御承知のように比嘉正子さんが委員になって、このままの米価であっては農民はめしを食っていくわけにいかない、自殺するでしょう、こういう農民の声に対しまして、自殺者が出るなら見ましょう、そういう問題のある発言を昨年やったことは、大臣御承知のとおりであります。その後一体何人死んでいますか。十九人も自殺者を出しているじゃないですか。しかもきのうも米価審議会の会場で新潟県の農民が一人死んで※いるわけなんであります。こういう非常に切実な状態に入っている。」第六五回国会　農林水産委員会　第二一号、一九七一年四月二十七日（火曜日）。

※「新潟県の農民が一人死んでいる」——米価引き上げ要求のため上京していた新潟県北蒲原郡水原町上福岡の農業・皆川堅蔵さん（四十四歳）が座り込み最中に脳出血で倒れ同夜死亡したことを指している。

9　なお、政府は、この二〇一八年、減反廃止を決定し、減反に伴って交付されていた直接支払い交付金は廃止となるが、米の生産量の参考値を示すことになっている（二〇一七年十月三十日時点）。

10　「「昨年までは増産を呼びかけ、今度はつくるなという。身勝手だ」「米しか取れねえ土地だから出稼ぎしているんだ。代わりに何を作ればいいんだ」と反発。高橋村長は「国の農政に具体的なビジョンがあれば、農民もわしらもこれほど苦労しなくてもすむのになあ」とがっくり肩を落としていた」。秋田県平鹿郡大雄村の村長と東京の出稼ぎ農民の会話。「カメラ追跡」、『朝日新聞』一九七〇年三月二日付。

11　「農水省来年度方針、給付水準、四〇％下げ——農業者年金を抜本改革」、『日本経済新聞』一九八四年十一月二十日付。

12　もちろん、中には義父との間で農地の賃貸借関係を結ぶことで年金に加入できた女性もいたが、やはりそのような例は少数にすぎない。日本農業新聞編『窓を開けて——農村女性の介護・相続・嫁姑』影書房、一九九九年、一五七頁。

第五章

1　佐藤定幸編『日米経済摩擦の構図』有斐閣、一九八七年。

2　中野一新・岡田知弘編『グローバリゼーションと世界の農業』大月書店、二〇〇七年、五六頁。

3　市場で高く売れればローン返済を行った上で農産物は市場で売り、借りた金より市場価格が低ければそのままコメを引き渡してローン返済は不要という制度であった。そのため「「償還義務のない融資」と呼ばれている」。同前、五六—五七頁。

4　井上ひさし『コメの話』新潮社、一九九二年、一八一二〇頁。

5　「全中、日米委提言に反論、「黒字は農産物規制と無関係」」、『日本経済新聞』一九八四年十月十日付。

6　「国際協調のための経済構造調整研究会」報告（座長　前川春雄）、一九八六年四月七日。

7　三輪昌男『内外価格差を考える』ＪＡ全中（ＪＡブックレット）、一九九三年。

8　主婦連が一九八七年十一月に行った調査では「コメ輸入賛成」が「反対」を上まわった。『中日新聞』一九八八年五月十二日付。

9　吉川元忠・関岡英之『国富消尽——対米従属の果てに』ＰＨＰ研究所、二〇〇六年、四三頁。

10　佐藤誠『リゾート列島』岩波新書、一九九〇年、一〇頁。

11　「ゴルフ場建設に〝媛の反乱〟――規制緩和発言に主婦ら団体結成（NEWS追跡）」、『日本経済新聞』一九九〇年二月二十日付。

12　「逆風リゾート開発――本社調査、撤退・見直し三十四件、大都市圏には善戦組も」、『日本経済新聞』一九九一年六月八日付。

13　「経済史を歩く（四九）リゾート法施行、三セク問題の発火点、開発ラッシュのツケ今も」、『日本経済新聞』二〇一三年四月二十一日付。

14　「東北農家の減収六四五億円――大学研究者らの組織、米価引き下げで試算」、『日本経済新聞　東北版』一九八七年七月十五日付。

15　「農地の転用促進せず　全中　上智大教授の研究に反論　農林業」、『朝日新聞』一九八九年十月十四日付。

16　暉峻衆三『日本農業一五〇年――一八五〇―二〇〇〇年』有斐閣ブックス、二〇〇三年、二五三頁。

17　「核心時／三十一年ぶり米価引き下げ確実　苦悩する自民農林族　抵抗したくても外圧が……せめて小幅に　見通しは立たず」、『中日新聞』一九八七年六月二十五日付。「農協青年が自民不支持」、『中日新聞』一九八九年四月四日付。「揺らぐ米どころ（緊急リポート　農民の不信1）」、『朝日新聞』一九八九年四月二十一日付。

18　田代洋一『「戦後農政の総決算の構図」新基本計画批判』筑波書房、二〇〇五年、三七―三八頁。

19　「全中、農基法改正一〇〇〇万署名」、『日本経済新聞』一九九七年十二月十一日。

第六章

1　森詩恵「わが国における高齢者福祉政策の変遷と「福祉の市場化」――介護保険制度の根本的課題」社会政策学会『社会政策』第九巻第三号、二〇一八年、一七頁。

2　君島昌志「福祉政策の転換に関する考察（1）――一九七〇年代における日本型福祉社会論と高齢者政策の変容を中心にして」『島根女子短期大学紀要』第三五巻、一九九七年、五〇―五一頁。

3　高度経済成長下で「ポストの数ほど保育所を」を合言葉に、全国に拡がっていった保育所建設運動、労働組合や高齢者の団体が取りくんだ老人医療費無料化運動などもその一つである。

4　「二つの神話　自殺率一位はうそ　福祉大国スウェーデンの医療」、『朝日新聞』一九七二年十二月十六日付。

5　第六八代第一次大平内閣、第八七回（常会）施政方針演説、一九七九年一月二十五日。

6　優生保護法改悪＝憲法改悪と闘う女の会『優生保護法改悪とたたかうために』優生保護法改悪阻止連絡会、一九八二年、五頁。

7　「大蔵原案　福祉の「泣く年」？　老人・身障者、目玉ゼロ」、『朝日新聞』一九七九年一月五日付。

8　日本女子大（当時）教授の一番ヶ瀬康子氏はこの点について、次のように述べている。「政府は在宅福祉を中心に社会福祉を展開しようとしていますが、その在宅の〝宅〟の面が何も保証されていない」。『朝日新聞』一九八九年十一月十六日付。

9　社説「新在宅福祉時代の介護は」、『朝日新聞』一九八九年十二月十九日付。

10　一〇万人といえば大量のマンパワーに思えるが、この数値が達成されたとしても実際には高齢者一〇〇〇人あたりのホームヘルパーの数は、わずか四・七人にとどまることとなり、デンマークの一〇〇〇人あたり三五人に比べれば圧倒的に手薄であった。デンマークの元副大臣から、これでは寝たきり老人を減らすことはできないと指摘されたとの記事が新聞に掲載されている。「ヘルパー一〇万人では不足　デンマーク元福祉相が高齢者対策で指摘」、『朝日新聞』一九九三年一月二十二日付。

11　全国農協中央会調べ。

12　森詩恵「わが国における高齢者福祉政策の変遷と「福祉の市場化」――介護保険制度の根本的課題」、二二一頁。

13　G・エスピン・アンデルセン著、渡辺雅男・渡辺景子訳『ポスト工業経済の社会的基礎――市場・福祉国家・家族の政治経済学』桜井書店、二〇〇〇年、一三六―一三七頁。

14　伊藤公雄「イデオロギーとしての「家族」と本格的な「家族政策」の不在」、本田由紀・伊藤公雄編著『国家がなぜ家族に干渉するのか――法案・政策の背後にあるもの』青弓社、二〇一七年、一六四―一六五頁。

15　北欧では、成人すると親元を離れることが当たり前になっているため、高齢者の単身世帯・夫婦二人だけの世帯が多い。たとえば二〇一五年に内閣府が発表した「平成二七年度第八回高齢者の生活と意識に関する国際比較調査結果」によれば、七十―七十四歳の高齢者に占める「単身世帯」は、日本では一五・二％にすぎず、「夫婦二人世帯」の四五・七％と合わせても高齢者だけの世帯は六一％となっており、二世代同居は二〇・二％、三世代同居は一一・六％と、以前より比率が下がってはきたものの、未だに多世代同居は全体の三割を占める。一方、スウェーデンの七十―七十四歳の高齢者のうち「単身世帯」は四七・九％、「夫婦二人世帯」が四七・四％と、九割以上が高齢者だけの世帯であるのに対して、二世代同居は一・一%、三世代同居は〇・四%と、限りなくゼロに近い。ところが、「別居している子供との接触頻度」を尋ねてみると、「ほとんど毎日」子供と接触している高齢者の割合は、スウェーデンの方が高く、日本では二割であるのに対してスウェーデンでは三割に上る。また「週に一回以上」は、日本では三割だが、スウェーデンでは四八%と五割に近い。両者を合わせると、日本では週一回以上接触している割合が五割にとどまっているが、スウェーデンでは八割にのぼる。同居の比率と関係性の濃密さとは関係ないことがこのことからも見て取れる。また、母親に対する感情もまた、両国では大きく異なる。スウェーデンでは、「母親を尊敬できる」が「やさしい」を差し置いて第一位に位置し、その割合も七割を超えているが、日本では「尊敬できる」は第三位、その割合も三割に満たない。母親が「生き方の手本」との回答も、スウェーデンでは四割に上っており五位以内に入っているが、日本では圏外となっており、その割合も一四%にとどまっている（総務庁青少年対策本部『第七回世界青年意識調査――世界の青年との比較から見た日本の青年』二〇〇四年による）。

本書は二〇一八年刊『農家女性の戦後史――日本農業新聞「女の階段」の五十年』（こぶし書房）を底本とし、加筆修正のうえ新版として刊行したものです。

著者略歴
姉歯　曉（あねは　あき）
1989年、國學院大学大学院経済学研究科博士課程単位取得。現在、駒澤大学経済学部教授、経済学博士（中央大学）。著書に、『「豊かさ」という幻想――「消費社会」批判』（桜井書店、2013年）、*Crises of Global Economics and the Future of Capitalism*（共著、Routledge: New York, 2013）。訳書に、ウェイン・エルウッド『グローバリゼーションとはなにか』（共訳、こぶし書房、2003年）、グレアム・ターナー『クレジット・クランチ』（共訳、昭和堂、2010年）がある。

新版
農家女性の戦後史――日本農業新聞「女の階段」の五十年

2024年　6月30日　初版第１刷発行

著　者　姉歯　曉

装丁者　岩瀬　聡

発行所　株式会社　現代思潮新社
〒112-0013　東京都文京区音羽 2-5-11-101
電話 03(5981)9214　FAX03(5981)9215　振替 00110-0-72442
http://www.gendaishicho.co.jp/

落丁・乱丁本はおとりかえいたします。

 ISBN 978-4-329-10020-7
定価はカバーに表示してあります。